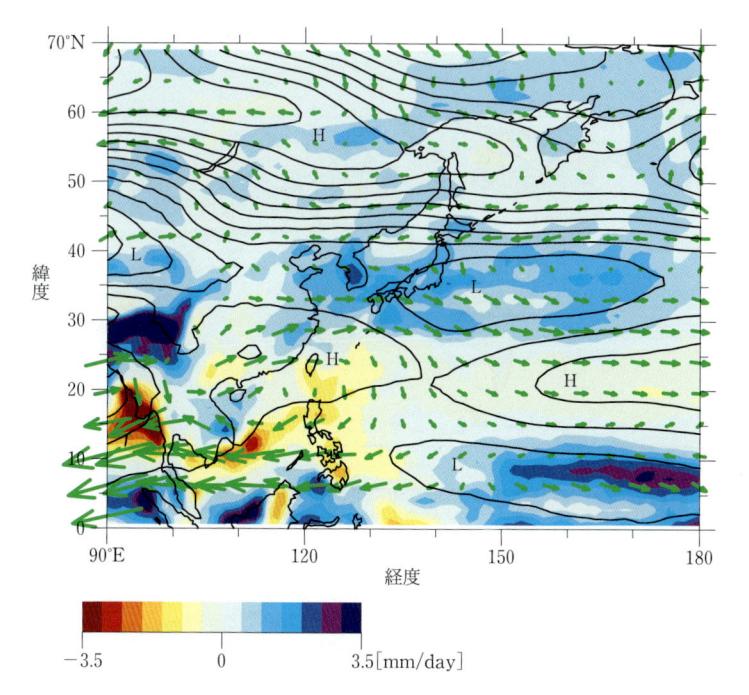

口絵1　東京大学気候システム研究センター・国立環境研究所・海洋研究開発機構地球環境フロンティア研究センターの合同研究チームが行った高解像度気候予測シミュレーションで得られた，今後100年間の温暖化による日本周辺の夏季(6，7，8月)の降水量(カラー)，500 hPa 高度(等値線)，850 hPa 風(矢印)の変化分布(2004年9月16日記者発表資料より)。

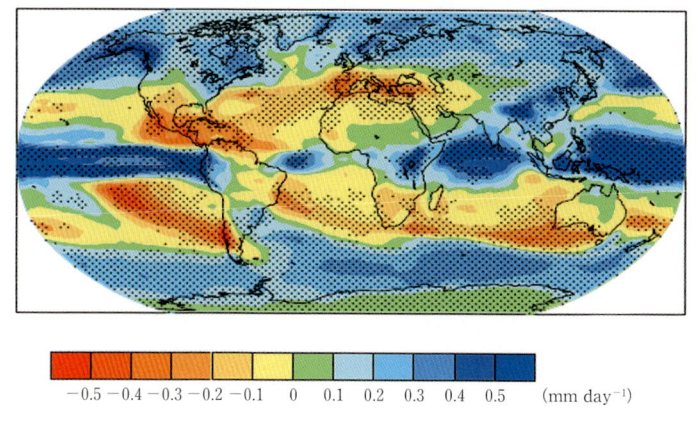

口絵2　年平均降水量の A1B シナリオでの 2080〜2099 年の年間降水量の 1980〜1999 年に比較した変化(IPCC, 2007 より)。ドットの付いた地域は信頼性の高い地域。

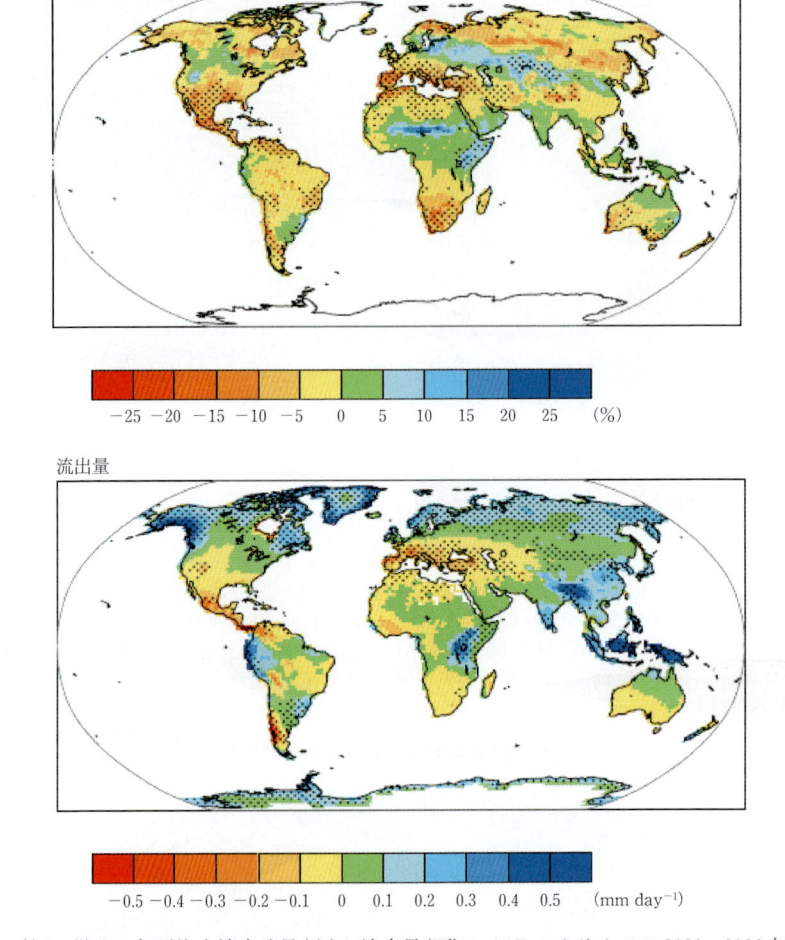

口絵3 陸上の年平均土壌水分量（上）と流出量（下）のA1Bシナリオでの2080〜2099年の1980〜1999年に比較した変化（IPCC, 2007より）。ドットの付いた地域は信頼性の高い地域。

序　文

　人類が，水の惑星ともいわれる美しい地球を，初めて宇宙から観てから50年が経った。その美しいはずの地球は，人口増加による食糧問題，急激な工業化にともなう水質・大気汚染の顕在化，それに化石燃料などの大量消費によるエネルギー危機など，人間活動により，地球環境の劣化をもたらしてきている。

　特に，化石燃料の利用拡大にともなって発生する炭酸ガスは，地球温暖化という地球規模の環境に大きな影響を及ぼすとともに，我々人類の持続的な発展を阻害することにもなる。これまで，大量の化石燃料などを消費してきた我々先進国の責任はきわめて大きいといえる。

　本学は2006年，「持続可能な開発」国際戦略本部を設置し，人類のサステナビリティ達成に向けた教育研究を積極的に推進してきた。2008年7月，北海道の洞爺湖において，先進国首脳会議（G8サミット）が開催された折，本学においても，その前後4週間をサステナビリティ・ウィークスと定め，約40のサステナビリティに関する国際シンポジウムやフォーラム，それに市民向けの公開講座を実施した。そのなかで，大学院共通講義として，「持続可能な低炭素社会」を設け，一般の方々も巻き込んだ対話型の講義を実施したが，それをまとめたものが本書である。内容は，環境劣化・地球温暖化といった基本的な環境変化のメカニズムから始まり，続いて，環境経済学や国際環境法といった立場から，低炭素社会に向けての制度論を展開し，最後に低炭素社会の実現に向けての新たな技術開発の現状と近い将来，世界最大の炭酸ガス排出国となるであろう中国の取り組みについて述べていて，国，地方そして我々個人，それぞれのレベルで低炭素社会の実現を考える指標を与えている。わが国を代表する研究者により執筆された本書が多くの方々に読まれるとともに，わが国の低炭素社会への認識が高まり，移行のスピード

が早まることを期待する。

2009年1月13日   北海道大学総長・佐伯　浩

はじめに

　現在，全世界はふたつの地球規模の危機，すなわち環境危機と経済金融危機に見舞われている．それぞれの危機には，固有の原因があり，その正確な分析に基づく対策が必要である．前者の環境危機のなかでも，地球温暖化問題は生態系の危機とともに21世紀に入り緊急に対策が必要な分野となっている．おりしも，2008年7月には北海道洞爺湖を舞台として，G8サミットが開催され，地球温暖化問題がトップの議題となったのは，そのためである．
　総合大学としての北海道大学は，このG8サミット開催にあわせて，「サステナビリティ・ウィーク」の一連の学術的な行事を行ったが，そのなかで，北海道大学大学院共通講義として，「持続可能な低炭素社会」を行い，市民講座としても市民の皆さんの参加を得て，対話型の講義を実施した．
　本書は，その内容と成果をもとにテキストとしたものである．テキストの目的は，地球温暖化を中心とする地球規模環境劣化の要因を自然科学および社会科学の両面から総合的にとらえ理解するとともに，持続可能な低炭素社会づくりを目指して，地球環境劣化への対策と緩和に対する視点から考えることである．わかりやすく，総合的な視点を得ることを目標としている．
　本書の内容は，科学的基礎論，制度論，対応論の3部からなる．
　科学的基礎論は，次の4章からなる．
第1章　地球温暖化の自然科学的メカニズム：山中康裕・藤井賢彦・池田元美(北海道大学大学院環境科学院)
第2章　温室効果，および気候変化と水資源への影響：山崎孝治・池田元美（北海道大学大学院環境科学院)
第3章　地球温暖化の進行にともなう森林生態系への影響：原　登志彦(北海道大学低温科学研究所)
第4章　森林などの二酸化炭素吸収源に関する温暖化対策：山形与志樹(国

立環境研究所)

　このうち第1章は，環境劣化の基本的な自然科学的メカニズムについて，総論的に解説している．第2章は，特に温室効果について気候学の観点から水循環に焦点を当てて説明している．第3章は，地球温暖化にともなう生態系への影響について，北方林を中心に，フィールド研究の成果に基づいて明らかにしている．第4章は，森林などによる二酸化炭素吸収源問題について，最新の研究成果に基づき解説している．

　読者は，以上の科学的基礎論によって，温暖化の基本的メカニズムと現状を理解することができるであろう．

　続く制度論は，次の4章からなる．

第5章　低炭素社会の環境経済学：吉田文和(北海道大学公共政策大学院)
第6章　地球温暖化問題と国際法：堀口健夫(北海道大学公共政策大学院)
第7章　2050年日本低炭素社会実現の見通し：甲斐沼美紀子(国立環境研究所)
第8章　国際政治から考える温暖化の20年：竹内敬二(朝日新聞社)

　このうち第5章は，低炭素社会を目指す現状と見通しについて，日本に焦点を当てて，環境経済学の立場から分析する．第6章は，気候変動枠組条約と京都議定書および2013年以降の議定書について，国際環境法という視点から解説する．第7章は，2050年二酸化炭素半減，日本70%削減の低炭素社会実現の見通しについて，詳しく分析・解説する．第8章は，地球温暖化問題への世界の取り組みの歴史を振り返り，今後の見通しを国際政治という視点から明らかにする．

　読者はこれらの制度論によって，温暖化問題の社会経済的背景と経過，見通しをもつことができるであろう．

　最後の対応論は，次の5章からなる．

第9章　緊急諸課題と低炭素社会の両立，自然・新規エネルギー：池田元美(北海道大学大学院環境科学院)
第10章　北海道農業とバイオマスエネルギー：松田従三(ホクレン農業総合研究所・北海道大学名誉教授)
第11章　水素エネルギーを活用する低炭素社会の実現：市川　勝(東京農業

大学総合研究所・北海道大学名誉教授）
第 12 章　市民風車の試み：鈴木　亨（北海道グリーンファンド）
第 13 章　低炭素世界に向けた中国の位置，挑戦と戦略：張　坤民（清華大学・中国人民大学）

　第 9 章は，地球温暖化への対応論の総論で，緊急の諸課題と低炭素社会の実現について論ずる。第 10 章は，北海道農業を例にとって，バイオマスの利用の現状と課題について，具体的に論じる。第 11 章は，低炭素社会を目指すうえでの水素エネルギーの活用の可能性について，詳しく解説する。第 12 章は，再生可能エネルギー利用のうえで，市民風車の取り組みについて，北海道グリーンファンドを事例に明らかにする。第 13 章は，世界でも最大の二酸化炭素排出国になりつつある中国の，低炭素世界に向けた現状，取り組み，見通しについて解説している。

　読者はこれらの対応論によって，低炭素社会への取り組みの現状と課題について，理解を深めることができるであろう。

　低炭素社会への本格的な取り組みは，まだ緒についたばかりであり，今後の進展が期待されるが，本書がそのための一助となることを祈念している。

　最後に，序文をいただいた佐伯　浩北海道大学総長をはじめ本テキスト作成に御協力をいただいた寄稿者の方々，深見正仁特任教授，諏訪竜夫博士研究員に心から御礼申し上げる。

　　2008 年 10 月 14 日

　　　　　　　　　　　　　　　　　　　　　　　　　　　　吉田　文和

目　次

口　絵　　i
序　文　　iii
はじめに　　v

第1章　地球温暖化の自然科学的メカニズム　　1

1. 温暖化とはどういうことか？　　1
2. 温暖化により日本や世界はどうなるか？　　3
3. 人為起源二酸化炭素の行方　　5
4. どのくらい二酸化炭素を減らせば温暖化は防げるのか？　　11

引用・参考文献　　13

第2章　温室効果，および気候変化と水資源への影響　　15

1. 地球上の水循環　　15
2. 地球温暖化のメカニズム　　19
3. 近年の気候変化　　23
4. 気候の将来予測　　26
5. 降水量・水資源の変化予測　　30
6. 海面水位と海洋循環への影響　　31
7. おわりに　　33

引用・参考文献　　34

第3章　地球温暖化の進行にともなう森林生態系への影響――北方林に注目して　　35

1. オホーツク海周辺の気候とカムチャツカ北方林　　35

2．カムチャツカ北方林の更新様式と環境ストレス　　37
　　3．温暖化にともなう北方林の炭素吸収能力　　43
　　4．北方林の将来予測と環境問題　　46
　　引用・参考文献　　49

第4章　森林などの二酸化炭素吸収源に関する温暖化対策　　51

　　1．グローバルな炭素循環と陸域炭素吸収源　　51
　　2．森林などの二酸化炭素吸収源を用いた温暖化対策について　　58
　　　植林による温暖化対策効果　58/バイオマス利用による温暖化対策効果　59/京都議定書で認められた温暖化対策としての植林事業　60/グローバルな森林減少による二酸化炭素排出　60/植林と森林減少との比較　61/森林減少の防止による対策　62
　　3．今後の二酸化炭素吸収源を用いた温暖化対策に関する国際的な論点　　63
　　引用・参考文献　　65

第5章　低炭素社会の環境経済学　　67

　　1．温暖化は避けられない時代となった　　67
　　2．地球環境問題が提起する課題　　69
　　3．京都議定書と排出削減が進まない最大の問題　　71
　　4．部門別課題と方法の検討が必要　　72
　　5．2050年半減へ向けての課題　　73
　　6．EUのエネルギー政策目標　　74
　　7．中国とインドとの協力　　75
　　8．理念・枠組・戦略の必要性と福田ビジョンの実現可能性　　76
　　9．G8洞爺湖サミットの評価とCOP15への課題　　76
　　10．北海道にとっての課題　　77
　　11．京都議定書を超えて豊かな「低炭素社会」への道　　78
　　引用・参考文献　　79

第6章　地球温暖化問題と国際法　81

1. 環境問題に対する国際法の伝統的なアプローチ　82
   越境汚染に関する伝統的な国際法理論　82/地球温暖化問題の特色と伝統的アプローチの限界　84
2. 地球温暖化防止のための国際法制度　86
   法の形成における特色　86/法の実施における特色　94
3. 「ポスト京都」に向けた課題——衡平かつ有効な国際法秩序の実現に向けて　99
4. 結びに代えて——私たち市民の役割　104
   引用・参考文献　105

第7章　2050年日本低炭素社会実現の見通し　107

1. 21世紀は低炭素社会へ　107
2. 日本が70%程度の削減を必要とする理由　108
3. 低炭素社会シナリオ検討手順　109
4. 70%削減した日本低炭素社会の姿　110
   国土・都市のシナリオ　110/人口・世帯の推計　112/産業構造の推計　112
5. 低炭素社会実現の可能性　112
   低炭素社会の需要側技術選択　114/供給側低炭素エネルギー源の選択　115
6. 70%削減は社会システム改革と技術革新の融合で可能　115
7. 低炭素社会に向けた12の方策　118
8. 家庭・オフィス，移動，産業における各方策の役割　122
   家庭・オフィスにおける方策　122/移動における方策　123/産業における方策　124
9. 低炭素社会に向けた取り組み　125
   引用・参考文献　126

第8章　国際政治から考える温暖化の20年　127

1. 気候変動論争は「寒冷化説」で始まった　127
2. 京都議定書は不平等条約か　128
3. 京都会議後のドラマ　131
4. 京都議定書は新しい時代のシンボル　133
5. IPCCの歴史と温暖化の科学　133
6. 各国の位置──アメリカ合衆国はクレディビリティーを失った　135
7. EU──牽引車としての信頼　137
8. 日本──国民の関心は高いが政策なし　139
9. 20年間の進展　140

引用・参考文献　141

第9章　緊急諸課題と低炭素社会の両立，自然・新規エネルギー　143

1. 低炭素社会の炭素排出量とエネルギー　143
2. 先進国と途上国の低炭素社会　144
3. 自然システムと社会システムのフィードバック　147
4. 緊急諸問題　150
5. 人類の浅知恵の歴史　152
6. 地球未来学の構築──2070年の人類生存環境　154

引用・参考文献　155

第10章　北海道農業とバイオマスエネルギー　157

1. 日本のバイオマスエネルギーの問題点　157
2. バイオガスエネルギーの出口を探す　162
   電気買い取り価格の上昇　162/バイオメタンの利用　164/化学肥料・濃厚飼料の高騰と消化液の利用　165/バイオガスプラントの評価は総合的に　165
3. バイオエタノール製造による北海道の農業再構築　167
   食糧自給率　167/なぜ北海道でバイオエタノールを製造するのか

168/バイオエタノール製造は北海道農業・日本農業を見直すきっかけになる　172

引用・参考文献　174

第11章　水素エネルギーを活用する低炭素社会の実現　175

1．水素・燃料電池とともに暮らす「水素エネルギー社会」　175
2．水素・燃料電池導入による社会的インパクトと二酸化炭素排出削減効果　177
3．水素の製造技術の課題——グリーン水素の製造　180
4．ゴミや家畜糞尿も水素資源——地域エネルギーの自立化と二酸化炭素排出削減　181
5．風力・太陽光を利用する水素製造と二酸化炭素排出削減効果　182
6．水素を石油で運ぶ有機ハイドライド技術　184
7．第二のエネルギー幹線——地域と都市を結ぶ「水素ハイウェー構想」　186
8．水素を利用する北の街づくり「北海道プロジェクト」　186
9．石油と共生する低炭素社会への道　188

引用・参考文献　191

第12章　市民風車の試み　193

1．政策不在の議長国・日本　193
2．広がる市民風車　194
3．日本の市民風車　196
4．市民風車の取り組みの意義　198
5．今後の展望と新たな挑戦　201
6．北海道大学に期待すること　204

第13章　低炭素世界に向けた中国の位置，挑戦と戦略　205

1．低炭素経済の意味するところと国際動向　206
「低炭素経済」の提起　206/イギリス「スターン報告書」　206/低炭素経済の国際動向　206

2．中国の世界経済における位置　207
  国際エネルギー機関の予測と国連開発計画の評価　207/茅恒等式による炭素排出推進力の指摘　209
3．中国が直面している挑戦　210
  エネルギー賦存量　211/発展レベル　211/総量重視　211/ロックイン効果　212
4．中国が選択する戦略　213
  持続可能な発展のためのエネルギー対策に関する枠組の構築　213/たゆまぬ省エネと排出削減という方針の堅持　214/地球規模の気候変動を重視　215/「気候変動に関する国家評価報告」　215/「気候変動に対応するための国家方案」　215/「気候変動に対応する科学技術特別行動」　215/再生可能エネルギーの発展に力を入れる　216/原子力発電の積極的推進と代替エネルギーの科学的発展　216/中国のエネルギー戦略　217
5．総合的政策決定と協調行動の必要性　217
  引用・参考文献　217

おわりに　219
索　　引　221

第1章 地球温暖化の自然科学的メカニズム

北海道大学大学院環境科学院/山中康裕・藤井賢彦・池田元美

　本章では，最初に地球温暖化の具体的なイメージ，および生態系や人間社会への影響について述べる。次に，主たる温室効果ガスであり最もよく研究されている二酸化炭素を取り上げ，人為起源二酸化炭素の大気・海洋・陸面における挙動を概説する。最後に，気温の上昇に代表される温暖化を食い止めるにはどのくらい二酸化炭素を削減することが求められるのか，自然科学の観点から紹介する。なお，以下は，山中(2005, 2007, 2008)をもとに，大学院共通講義の受講生を主たる対象とすることを念頭において修正・加筆した文章である。

1. 温暖化とはどういうことか？

　IPCC(Intergovernmental Panel on Climate Change：気候変動に関する政府間パネル)が2007年に発表した第4次評価報告書では，気候システムに地球温暖化が起こっていると明言し，人為起源の温室効果ガスの増加が温暖化の原因とほぼ断定した。第4次評価報告書では，21世紀末までに起こりそうな社会の変化も考慮し，そのときの地上気温は現在よりも平均で2.5℃程度上昇すると予測されている。しかし，そういわれても，なかなか実感は湧かないかもしれない。そこでまず，仮に札幌で気温が3℃上がった場合を具体的に考えてみよう。

　札幌の2003年11月から1年間にわたる毎日の最高気温，および気候値と

呼ばれる30年分を平均した日最高・最低気温，さらに気候値にプラス3℃上昇させたものを図1に示す。2003～2004年の日最高気温を見てみると，数日の間に10℃以上も乱高下するところが随所に認められる。これは，天気の変化に対応して日々起こる気温変化で，温暖化が進んでも変わらず起こる現象である。

では，気候値プラス3℃の線はどうなるか？　例えば，夏日(日最高気温が25℃以上)の期間は，現在は1か月半程度だが，3℃上昇によって3か月近くになることがわかる。また，冬日(日最低気温が0℃未満)の期間が，現在は3か月以上あるのが，1か月半ぐらいになることがわかる。つまり，温暖化によって季節が1か月以上も長くなったり短くなったりすることが想像できる。

この結果，花が咲く時期，田植えの時期など，さまざまな生物季節も1か月ぐらい前後するようになる。今は本州と比べて長い北海道の小中学生の冬休みや，短い夏休みも，異なる意味がなくなるかもしれない。また，日々の気温変化のなかで，札幌でも酷暑日(日最高気温が35℃以上)を経験してもおかしくないことが想像できる。

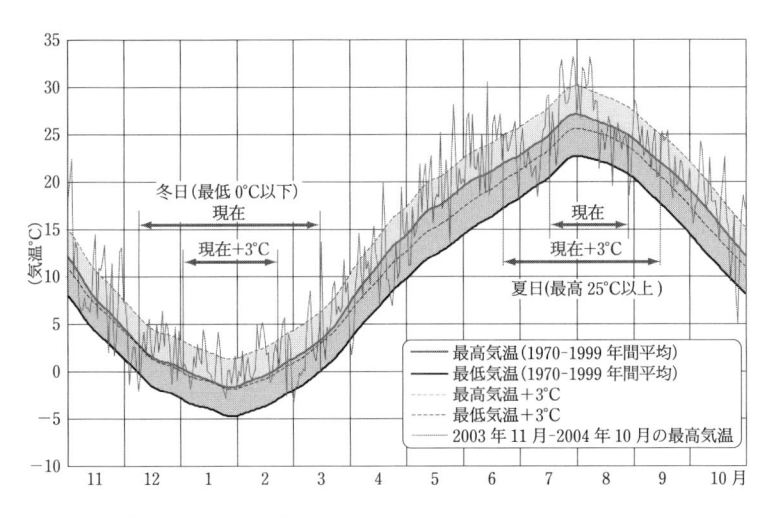

図1　札幌における日最高気温・日最低気温の季節変化(山中，2008より)

2. 温暖化により日本や世界はどうなるか？

では，もっと広い範囲での温暖化の影響はどのようなものだろうか？　東京大学気候システム研究センター・国立環境研究所・海洋研究開発機構地球環境フロンティア研究センターの合同研究チームが世界最速(2000年当時)のスーパーコンピュータ「地球シミュレーター」を用いて行った，最新の高解像度気候予測シミュレーションの結果をもとに考えてみよう。

1900～2100年までの各年における日最高気温30℃以上(真夏日)の日数と，日降水量100 mm以上の日数をそれぞれ，図2(A)と(B)に示す。これらの

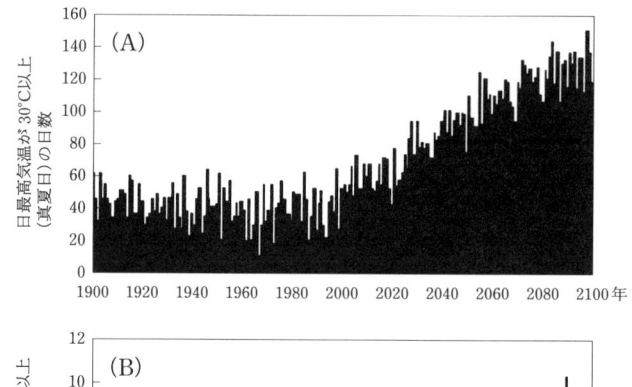

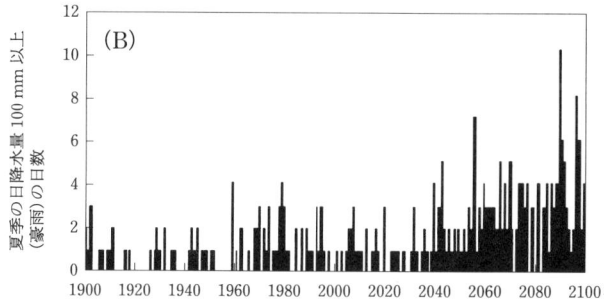

図2　東京大学気候システム研究センター・国立環境研究所・海洋研究開発機構地球環境フロンティア研究センターの合同研究チームが行った高解像度気候予測シミュレーションで得られた，1900～2100年までの日本における(A)日最高気温が30℃以上(真夏日)の日数の時系列，および(B)夏季(6, 7, 8月)の日降水量100 mm以上(豪雨)の日数の時系列(2004年9月16日記者発表資料より)。

図から，今世紀にかけての，平均的な気温の上昇にともない真夏日の日数も増加すること，そして，平均的な降水量や大気中の水蒸気量の増加にともない，豪雨の頻度も増加することがわかる。また，口絵1は，今後100年間の温暖化による日本周辺の夏季(6, 7, 8月)の降水量，気圧，風の変化を，現在からの差異として示したものである。日本付近の夏季の降水量は平均的には増加する傾向がみられる(青色の領域)。これは，日本の南側が高気圧偏差となり，暖かく湿った南西風をもたらすこと，そして日本の北側が高気圧偏差になり，梅雨前線の北上を妨げることによると考えられる。しかし日本以外の地域では，降水量の変化には場所によって(符号も含めて)大きな違いがみられる。

世界的には，これまで降雨が多かった地域では降水量が増え，少なかった地域では降水量が減る傾向が予測されている(IPCC, 2007)。すなわち，洪水や干ばつの被害はいずれも今後，拡大することを示唆しており，上記のような豪雨の頻度の増加や将来の土地利用の変化も相まって，災害の頻度や強度も拡大していく恐れがある。ただし，図2(A)と(B)を見てもわかるように，日々の天気の変化と同様，年々の気候変動も自然のゆらぎが大きいので，特定の年の異常気象を温暖化と関連付けるのは難しい。つまり，例えば今年の夏が暑かったとか，水害に見舞われたからといって，それが温暖化のせいだとはすぐにはいえないということである。

このような温暖化，とりわけ全球平均気温の上昇にともなって21世紀中に起こると予測される主な影響について，IPCC第4次評価報告書がまとめたのが図3である。まず，大気が含みうる水蒸気量の増加にともない，湿潤熱帯地域と高緯度地域での水利用可能性も増加する。一方，中緯度地域と半乾燥低緯度地域での水利用可能性は減少し，干ばつが増加する。このため，これらの地域に住む数億もの人々が深刻な水不足に陥る恐れがある。

将来の気温上昇は，食糧や健康，あるいは生物多様性という観点からも深刻な影響を及ぼすことが予想される(図3)。例えば低緯度地域では，穀物生産性が低下の一途をたどっていき，気温の上昇幅が大きければ，その影響は全穀物に及ぶことが考えられる。一方，中高緯度地域では，これまで寒冷な気候下で生産性が抑制されていたいくつかの穀物の生産性は，気温の上昇と

第1章　地球温暖化の自然科学的メカニズム　　5

水	湿潤熱帯地域と高緯度地域での水利用可能性の増加 ————————————→ 中緯度地域と半乾燥低緯度地域での水利用可能性の減少および干ばつの増加 ——→ 数億人が水不足の深刻化に直面する
生態系	最大30%の種で絶滅　　　　　　　地球規模での 　　　　　　リスクの増加　　　　　　　　重大な*絶滅 サンゴの白化の増加 — ほとんどのサンゴが白化 — 広範囲に及ぶサンゴの死滅　*重大な：ここでは40%以上 　　　　　　　　　　　　　　〜15%　　　〜40%の生態系が影響を受けることで， 種の分布範囲の変化と森林火災リスクの増加　　　　陸域生物圏の正味炭素放出源化が進行 　　　　　　　　　　　海洋の深層循環が弱まることによる生態系の変化 ————→
食糧	小規模農家，自給的農業者・漁業者への複合的で局所的なマイナス影響 ————→ 低緯度地域における穀物生産性の低下　　　　低緯度地域における 　　　　　　　　　　　　　　　　　　　　すべての穀物生産性の低下 　　　　　　中高緯度地域における　　　　いくつかの地域で 　　　　いくつかの穀物生産性の向上　　　穀物生産性の低下
沿岸域	洪水と暴風雨による損害の増加 ————————————————————→ 　　　　　　　　　　世界の沿岸湿地の約30%の消失* 　　　　　　　　　　　　* 2000〜2080年の平均海面上昇率4.2 mm/年に基づく 　　　　　　毎年の洪水被害人口が追加的に数百万人増加 ——————————→
健康	栄養失調，下痢，呼吸器疾患，感染症による社会的負荷の増加 ——————→ 熱波，洪水，干ばつによる罹病率*と死亡率の増加 　　　　　　　　　　　　　　　　*罹病率：病気の発生率のこと いくつかの感染症媒介生物の分布変化 　　　　　　　　　　医療サービスへの重大な負荷

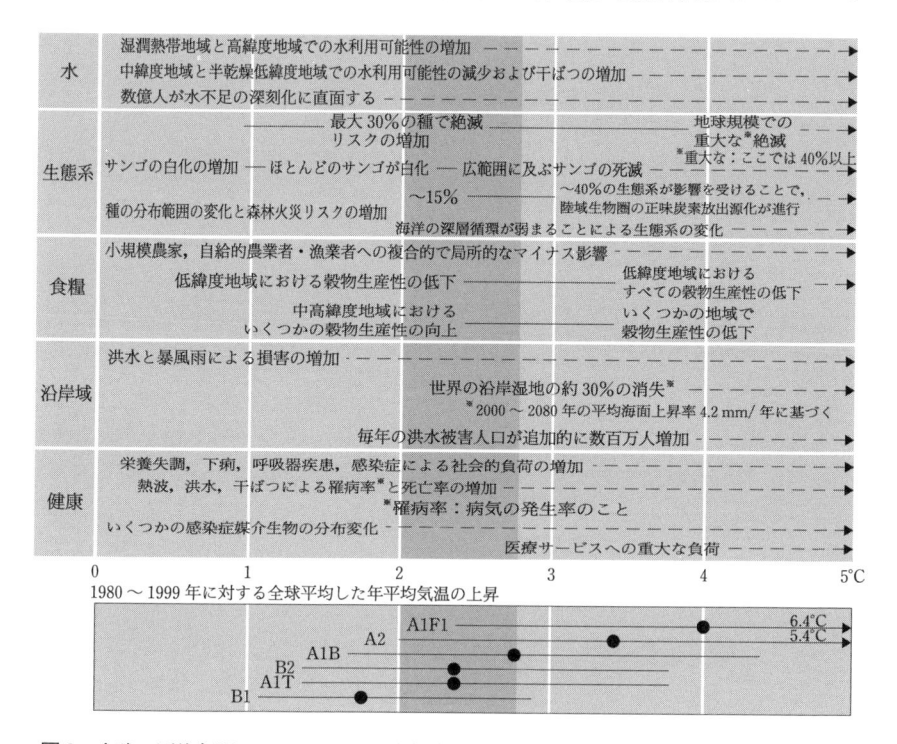

0　　　　1　　　　2　　　　3　　　　4　　　　5°C
1980〜1999年に対する全球平均した年平均気温の上昇

　　　　　　　　　　　　　A2　　A1FI　　　　　　　　　6.4°C
　　　　　　　A1B　　　　　　　　　　　　　　　　　　5.4°C
　　B2
　　A1T
　　B1

図3　全球の平均気温にともなって21世紀中に起こると予測される主な影響(IPCC, 2007をもとに作成)。

ともに一時的に向上する。しかし，気温がさらに上昇し続けると，その生産性はしだいに頭打ちになり，やがていくつかの地域で生産性の低下がみられるようになる。また，人間の食糧や健康を脅かす病害虫の分布域が気温上昇とともに拡大し，上記のような洪水・干ばつ，あるいは熱波などの増加との相乗効果により，栄養失調，下痢，呼吸器疾患，感染症などの罹病率と死亡率の増加が懸念されている。そして，気温の上昇幅が大きいほど，医療サービスなど社会的負担の増加は重大なものになることが予想される。

3. 人為起源二酸化炭素の行方

　前節では，温暖化が生態系や人間社会に及ぼす影響は多岐にわたること，

その影響は気温の上昇幅が大きいほど深刻になること，一方でその将来予測には不確定な部分がともなうことを概観した．IPCC 第 4 次評価報告書の記述を参照して，人為起源の温室効果ガスの増加が地球温暖化の原因であることを理解すれば，我々が温暖化を食い止めるためにとるべき方策は，人為起源の温室効果ガスの排出を減らすことであるとわかるだろう．そのために必要なのは，まずは①温室効果ガスが地上でどのような振る舞いをするかを知ること，次に②どのくらい温室効果ガスを減らせば温暖化を防げるのかを知ることである．以下，主要な温室効果ガスである二酸化炭素を例に，本節で①，次節で②について考えていく．

人間活動にともなう二酸化炭素の放出や，それによって引き起こされた炭素収支の不均衡を，人為起源二酸化炭素や人為起源変動と呼び，それ以外を自然の炭素循環と呼ぶ．ただし，二酸化炭素自身は，人為起源と自然のものに区別できない．また，人為起源変動がなかった 1750 年ごろの大気中二酸化炭素濃度などの値を産業革命以前の値として用いる．基本的には，産業革命以前の炭素循環と自然の炭素循環は，概念的に同じとして扱われていることが多い．人為起源二酸化炭素の収支を考える際には，1980 年代，1990 年代といったように，10 年間平均値として議論されることが多い．これは，図 4 を見てわかるように，大気中の二酸化炭素濃度などの年平均値は人間活動の影響の他に，エル・ニーニョ現象など数年スケールの気候変動によってもたらされる自然変動の影響によっても大きく左右されるためである．IPCC 第 1 次評価報告書(IPCC, 1990)および第 2 次評価報告書(IPCC, 1996)は 1980 年代(1980～1989 年の 10 年間)を扱い，第 3 次評価報告書(IPCC, 2001)は 1990 年代も，そして第 4 次評価報告書(IPCC, 2007)はそれに加えて 2000～2005 年も扱っている(表 1)．

1980 年代に人間活動にともなって放出された二酸化炭素の年間収支を見てみる．現在，大気中に存在する二酸化炭素の年平均濃度は約 380 ppm であり，炭素量約 730 Pg(ペタグラム．1 Pg＝10^{15}g)C に相当する(図 5)．陸上の植生と土壌の炭素量がそれぞれ約 500 PgC と約 1,500 PgC，海洋の炭素量は約 3 万 8,000 PgC と見積もられている．また，大気－陸面間の二酸化炭素の交換フラックスについては，炭酸同化作用と植物の呼吸によるやりとりが

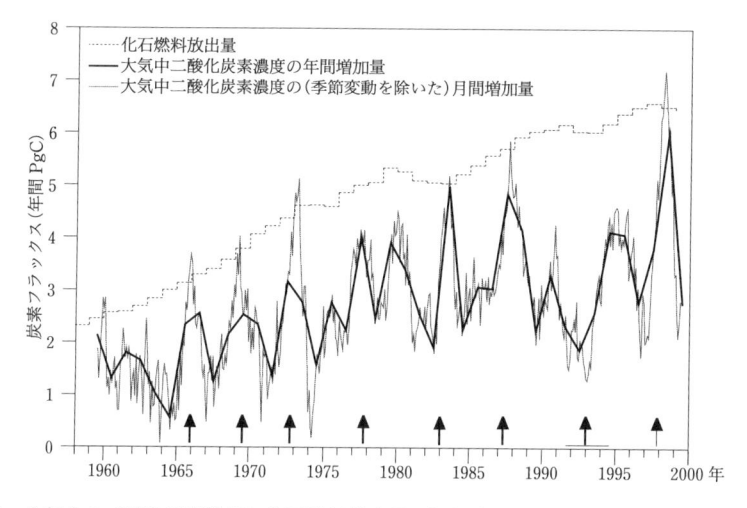

第1章　地球温暖化の自然科学的メカニズム　　7

図4　大気中の二酸化炭素濃度と化石燃料放出量の経年変動（山中，2007 より）。矢印はエル・ニーニョ現象の発生年をあらわす。単位：年間 PgC

表1：1980年代および1990年代における全球の二酸化炭素収支。単位：年間 PgC。正は大気中二酸化炭素濃度を上昇させる方向（負はその逆）。数値は IPCC（2007）に基づく。

	1980 年代	1990 年代	2000〜2005 年
大気中二酸化炭素濃度の増加	3.3±0.1	3.2±0.1	4.1±0.1
化石燃料の消費などにともなう放出	5.4±0.3	6.4±0.4	7.2±0.3
大気 - 海洋間フラックス	−1.8±0.8	−2.2±0.4	−2.2±0.5
大気 - 陸面間フラックス	−0.3±0.9	−1.0±0.6	−0.9±0.6
そのうち土地利用変化	1.4(0.4〜2.3)	1.6(0.5〜2.7)	データなし
そのうち陸上植生による吸収	−1.7(−3.4〜−0.2)	−2.6(−4.3〜−0.9)	データなし

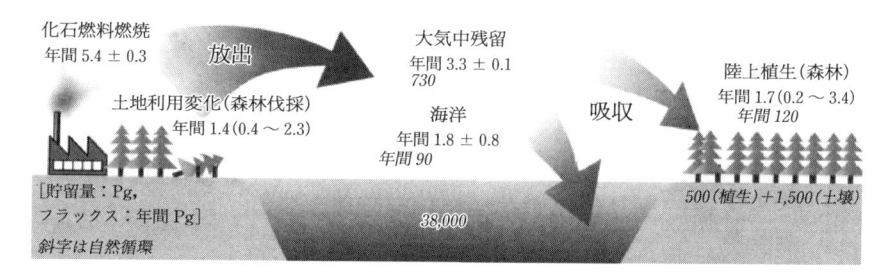

図5　1980年代における，大気・海洋・陸面の各炭素リザーバーの炭素量，およびそれらの間の人為起源二酸化炭素の年間収支。炭素量の単位：PgC（＝10^{15}gC），炭素フラックスの単位：年間 PgC。数値は IPCC（2007）に基づく。

年間約 120 PgC，大気 - 海洋間についても双方向のフラックスが年間約 90 PgC と見積もられている(IPCC, 2007)。大気中の二酸化炭素濃度は比較的一様に分布しているが，陸上の植生や土壌は細かい空間スケールで不均質なので，その炭素量や大気との交換フラックスには大きな誤差をともなう。ただし大気 - 陸面間，大気 - 海洋間とも全地球で 1 年間を平均すると，フラックスは非常に小さくなり，この量を見積もるうえでは誤差に関する注意が必要である。

　IPCC 第 4 次評価報告書で見積もられた大気 - 海洋 - 陸上植生間の 1980 年代の人為起源変動は，さまざまな方法で見積もられている(図 5 および表 1)。化石燃料の消費にともなう放出フラックスが年間 5.4 ± 0.3 PgC(セメントの生成にともなう放出フラックス 0.1 PgC を含む)，森林の伐採を含む土地利用の変化にともなう放出フラックスが年間 1.4 PgC($0.4 \sim 2.3$ PgC)，大気 - 海洋間のフラックスが年間 -1.8 ± 0.8 PgC，陸上植生の吸収フラックスが年間 -1.7 PgC($-3.4 \sim 0.2$ PgC)であり，それらの合計に相当する大気中二酸化炭素の増加量は年間 3.3 ± 0.1 PgC である(ここでは，+ は大気中二酸化炭素濃度を増加させる向き，- はその逆向きとした)。この大気中二酸化炭素の増加量(年間 3.3 PgC)は，濃度の年間増加量 1.6 ppm に相当する。大気 - 陸面間のフラックスは，後で述べるような大気中の二酸化炭素濃度と酸素濃度，二酸化炭素中の炭素同位体 ^{13}C などの測定から，土地利用の変化にともなうフラックスと陸上植生の吸収フラックスを合わせて，年間 -0.3 ± 0.9 PgC と見積もられる(表 1)。陸上植生の吸収フラックス(-1.7 PgC($-3.4 \sim 0.2$ PgC))は，この大気 - 陸面間のフラックスから，誤差が大きい土地利用の変化にともなうフラックス 1.4 PgC($0.4 \sim 2.3$ PgC)を引いて見積もるため，自ずと誤差が大きくなってしまう(IPCC, 2007)。土地利用の変化にともなうフラックスは，主に熱帯森林の伐採により生じる。陸上植生の吸収フラックスは，主に北半球中高緯度における土地管理，および二酸化炭素と窒素の施肥効果による植物生産の増加による。

　1990 年代では，化石燃料の消費にともなう放出フラックスが年間 6.4 ± 0.4 PgC，大気 - 海洋間のフラックスが年間 -2.2 ± 0.4 PgC，大気 - 陸面間のフラックスは年間 -1.0 ± 0.6 PgC，大気中二酸化炭素の増加量は年間

3.2±0.1 PgC，土地利用の変化にともなう放出フラックスは年間 1.6 PgC（0.5〜2.7 PgC），陸上植生による吸収フラックスは年間 −2.6 PgC（−4.3〜−0.9 PgC）と見積もられている（表1；IPCC, 2007）。また，2000〜2005年の化石燃料の消費にともなう放出フラックスは年間 7.2±0.3 PgC，大気‐海洋間のフラックスが年間 −2.2±0.5 PgC，大気‐陸面間のフラックスは年間 −0.9±0.6 PgC，大気中二酸化炭素の増加量は年間 4.1±0.1 PgC と見積もられているが，土地利用の変化にともなう放出フラックス，および陸上植生による吸収フラックスはまだ見積もられていない（表1；IPCC, 2007）。

1980年代以降の人間活動にともなって放出された二酸化炭素の年間収支をみてみると，時とともに化石燃料の消費にともなう放出フラックスは増加の一途をたどっている一方，大気‐海洋間のフラックスと土地利用の変化にともなう放出フラックスにはあまり大きな変化がないことがわかる（表1）。しかし，1990年代は他の年代と比べて陸上植生による吸収フラックスが増加したために，大気中二酸化炭素の年平均増加量が抑えられたと考えられる。各年の時系列で見ると，大気中二酸化炭素の年平均増加量は，化石燃料の消費にともない全体的な傾向として増加しているが，大きな経年変動を示すことがわかる（図4）。1990年代には，1992年の年間 1.9 PgC から 1998年の年間 6.0 PgC まで大きく変動している。大気中二酸化炭素濃度は 1993年を除いてエル・ニーニョ現象が起こった年で大きくなっている。エル・ニーニョ現象にともなって東部赤道太平洋では海洋から大気への二酸化炭素の放出は年間 0.2〜1.0 PgC 程度減るものの（Feely et al., 1997），一方で東南アジアやオーストラリアなどで高温や干ばつ，火災が多くなり，陸上植生の吸収量が大きく減るためと考えられている（Yang and Xang, 2000）。これは二酸化炭素の同位体の測定からも裏づけられている。また，1991年のピナツボ火山の噴火にともなう北半球中高緯度の気温低下によって陸上植生の呼吸や土壌の分解量が減少したことも，大気中二酸化炭素濃度の増加量の減少が引き起こされた要因と考えられている。

このような人為起源二酸化炭素の年間収支はどうやって見積もられたのだろうか？ その一例として，Keeling によって測定されるようになった大気中の酸素濃度と二酸化炭素濃度との関係から，大気‐海洋間および大気‐陸

面間のフラックスを見積もる方法を紹介する．これは，化石燃料の消費の際に放出される二酸化炭素量および吸収される酸素量と，実際に測定された二酸化炭素増加量と酸素減少量との差を，海洋による二酸化炭素吸収量(酸素放出をともなわない)と陸上植生(森林)による光合成や土壌分解にともなう酸素放出量と二酸化炭素吸収量(二酸化炭素：酸素比がわかっている)のふたつの過程で説明する明快な原理に基づく．それぞれの酸素と二酸化炭素の変化量をふたつのベクトルの和としてあらわすことができて(図6)，しばしばキーリング・プロットと呼ばれている．この方法によって，上で述べた1990年代の大気‐海洋間と大気‐陸面間のフラックスが求められる．厳密には，陸上植生によるものと海洋によるものではなく，酸素変化をともなうものとそうで

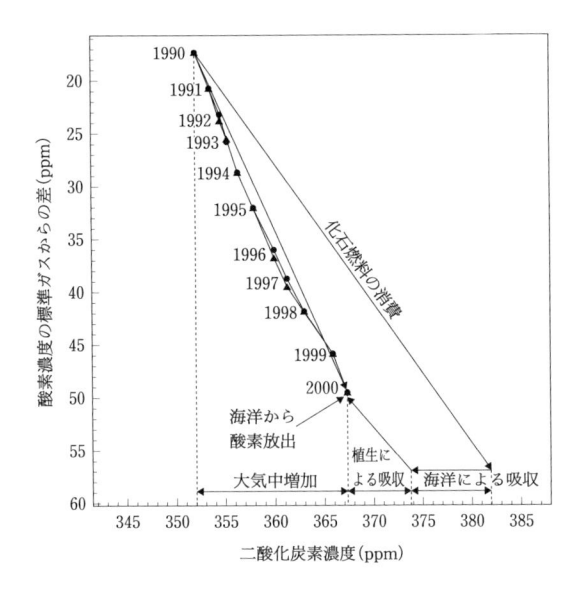

図6 1990年から2000年までの大気中二酸化炭素濃度と酸素濃度の変遷（山中，2007より）．黒丸と黒三角は各年1月1日を中心とした年平均値である．二酸化炭素濃度の単位：ppm．酸素濃度は標準ガスからのずれをあらわす．単位：ppm．数値はIPCC(2001)に基づく．化石燃料の消費から期待される酸素や二酸化炭素の変化と観測された大気中増加量をつなぐように，海洋による二酸化炭素のみの変化と酸素放出と二酸化炭素吸収の比がわかっている植生の光合成による変化を明瞭に分けることができる．ただし，海洋の温暖化にともなって海洋中に溶けている溶存酸素が減少していることの補正を行わなければならない(本文参照)．

ないものに分けることができる方法なので，海洋生態系の変動は，大気－陸面間のフラックスに含まれて扱われてしまう。ここでは海洋生態系の変動は小さいものとして扱われている(IPCC, 2001)。また，海水温の上昇によって，酸素に対する海水の溶解度が低下し，海水中に溶けていた酸素が大気中に放出する過程を考慮する必要があり，IPCC(2001)では補正されている。

4. どのくらい二酸化炭素を減らせば温暖化は防げるのか？

　第2節でみたように，人為起源二酸化炭素による温暖化を予測でき，また気温の上昇に応じて生態系や人間社会に及ぼす影響がわかるならば，二酸化炭素の排出をどのくらいにすべきか議論できる。本節では，IPCC第4次評価報告書の結果をもとに，人為起源二酸化炭素の削減に向けて，これからの社会に何が求められるのかを，自然科学の観点から考えていくことにする。

　気候システムと生態系に不可逆的な変化を及ぼすのは，気温上昇が2°C以上になった場合とされている。ここで不可逆的変化とは，気温上昇にともなう最適な環境の高緯度への移動に森林がついていけず，壊滅的な打撃を受けること，その結果として二酸化炭素を吸収できなくなるので，さらに温暖化が進んでしまうことである。あるいは全球海洋をめぐっている深層海洋循環が極端に弱まることにもなるだろう。表2および図7は，二酸化炭素を含む温室効果ガス(GHG)の大気濃度が450〜550 ppmになって100年も続くと，気温上昇が2°Cになることを示している。この範囲の温室効果ガス濃度に抑えるためには，今世紀半ばまでに現在の排出を半減させなければならない。

　この基準を達成するために人類はどうすればよいのか。技術開発によって二酸化炭素を出さないエネルギー源を得るのか，あるいはエネルギーをそれほど必要としない生活スタイルをとるのか，はたまた二酸化炭素を大気中に排出しないで地中や海洋に隔離するのか。今のところ考えられるのは，これらの方法を駆使して大気への放出を削減する道であろう。いずれにしても一筋縄で達成できるレベルでないことは容易に想像がつく。

表2 温室効果ガス(GHG)安定化目標(放射強制力,二酸化炭素(CO_2)濃度,二酸化炭素排出量)に基づき,IPCC第3次評価報告書(IPCC, 2001)以降に研究された177シナリオを分類したカテゴリー(Ⅰ〜Ⅵ)(IPCC, 2007をもとに作成)

カテゴリー	追加的な放射強制力(W/m^2)	CO_2濃度 (ppm)	温室効果ガス濃度 (ppm CO_2換算)	産業革命前からの気温上昇(℃)	CO_2排出がピークとなる年	2050年のCO_2排出量(%対2000年比)	評価されたシナリオ数
Ⅰ	2.5〜3.0	350〜400	445〜490	2.0〜2.4	2000〜2015	−85〜−50	6
Ⅱ	3.0〜3.5	400〜440	490〜535	2.4〜2.8	2000〜2020	−60〜−30	18
Ⅲ	3.5〜4.0	440〜485	535〜590	2.8〜3.2	2010〜2030	−30〜+5	21
Ⅳ	4.0〜5.0	485〜570	590〜710	3.2〜4.0	2020〜2060	+10〜+60	118
Ⅴ	5.0〜6.0	570〜660	710〜855	4.0〜4.9	2050〜2080	+25〜+85	9
Ⅵ	6.0〜7.5	660〜790	855〜1130	4.9〜6.1	2060〜2090	+90〜+140	5
合計							177

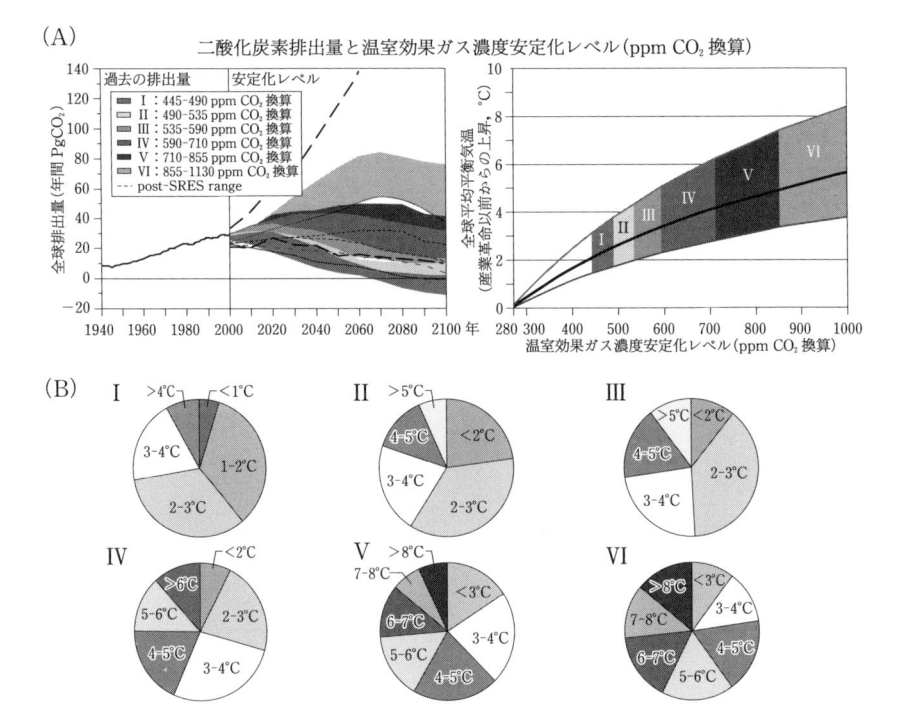

図7 表2で示した温室効果ガス(GHG)安定化目標(カテゴリーⅠ〜Ⅵ)における,(A) 2100年までの全球二酸化炭素(CO_2)排出量の道筋(左)と全球平均平衡気温上昇値との関係(右),および(B)カテゴリーⅠ〜Ⅵにおける全球平均平衡気温上昇値の出現確率。(A)はIPCC(2007)をもとに作成。(B)は国立環境研究所江守正多博士提供

[引用・参考文献]

Feely, R.A., Wanninkhof, R., Goyet, C., Archer, D.E. and Takahashi, T. 1997. Variability of CO_2 distributions and sea-air fluxes in the central and eastern equatorial Pacific during the 1991-1994 El Niño. Deep Sea Res. II, 44: 1851-1867.

IPCC. 1990. Climate change 1990: the IPPC scientific assessment. 365 pp. Cambridge University Press.

IPCC. 1996. Climate change 1995: the science of climate change. Contribution of working group I to the second assessment report of the intergovernmental panel on climate change. 572 pp. Cambridge University Press.

IPCC. 2001. Climate change 2001: the scientific basis. Contribution of working group I to the third assessment report of the intergovernmental panel on climate change (eds. Houghton, J.T., Ding, Y., Griggs, D.J., Noguer, M., van der Linden, P.J., Dai, X., Maskell, K. and Johnson, C.A.). 881 pp. Cambridge University Press.

IPCC. 2007. Climate change 2007: the physical science basis. Contribution of working group I to the fourth assessment report of the intergovernmental panel on climate change (eds. Solomon, S.D., Qin, D., Manning, M., Chen, Z., Marquis, M., Averyt, K.B., Tignor, M. and Miller, H.L.). 996 pp. Cambridge University Press.

山中康裕. 2005. 炭素循環. 気象ハンドブック(第3版), pp. 670-701. 講談社.

山中康裕. 2007. 大気・海洋・陸面における二酸化炭素の存在量と相互間の交換. 地球温暖化の科学(北海道大学大学院環境科学院編), pp. 49-77. 北海道大学出版会.

山中康裕. 2008. 地球温暖化を防ぐために, 何ができるのか. 北海道からみる地球温暖化(岩波ブックレット No. 724), pp. 44-65. 岩波書店.

Yang, X. and Wang, M.X. 2000. Monsoon ecosystems control on atmospheric CO_2 interannual variability: inferred from a significant positive correlation between year-to-year changes in land precipitation and atmospheric CO_2 growth rate. Geophys. Res. Lett., 27: 1671-1674.

温室効果，および気候変化と水資源への影響

第2章

北海道大学大学院環境科学院/山崎孝治・池田元美

1. 地球上の水循環

　なぜ地球温暖化の教科書で水循環から始めるのか疑問に思う読者もおられるだろう。ひとつには地球と生物に水が欠かせないからだが，もうひとつは水が温暖化に大きな役割を果たしているからだ。地球は水惑星と呼ばれ水が豊富な惑星であるが，地球上の水の97.4%は海水であり塩水である。淡水は3%弱にすぎない。さらに2%(淡水の約8割)は南極，グリーンランドや山岳氷床であり，0.6%(淡水の約2割)は，地下深くの水である。水資源として利用できる湖沼や河川および土壌の水は地球上の水の0.02%程度である。大気中の水蒸気はさらに少なく0.001%程度であり，水にして地球表面を覆えば平均25 mm程度の水深にすぎない。

　大気中の水蒸気は雨となって地球表面に降り，地球表面からは蒸発して大気へ戻る。このように水は循環している。年平均降水量はおよそ1,000 mm (=1 m)である。子供の背丈ほどの雨が1年で降る。では，年平均蒸発量はいくらであろうか。蒸発量は降水量よりも観測が難しく誤差が大きい。しかし，降水量の値がわかれば蒸発量はわかる。同じ1,000 mmである。大気中の全水蒸気量を考えると蒸発によって増え，降水によって減る。1年を通せば，大気中の水蒸気量はほとんど変化しないから，年間の地球上の降水量

と蒸発量は同じであるはずである。このような収支(budget)の考え方は有益である。英語のbudgetは予算とか家計という意味であり，収入と支出のバランスを考えると物事がみえてくる。

単位面積の大気中の全水蒸気量を可降水量(precipitable water)という。大気中の水蒸気を雨としてすべて降らせたときの可能な降水量という意味である。地球の平均可降水量は25 mm，年平均降水量は1,000 mmであるから，大気中の水蒸気は平均して年間40回，すなわち，9日に1回，入れ替わっていることになる。

次に大陸と海洋での水循環を考えてみる。突然ではあるが，読者に考えていただきたい。海洋上で降水量と蒸発量はどちらが多いでしょうか？ データを見れば答はわかるが，データを知らなくとも答はわかる。まずデータを見てみよう。図1に示すように，地球表面の70%を占める海洋上では年平均1,070 mmの降水があり，降水より多い1,180 mmが蒸発して大気中に戻っている。降水量−蒸発量を正味降水量と呼ぶことにすると，海洋上では正味降水量は負であり，正味では蒸発している。海洋上の大気における過剰な水蒸気は大気の流れによって大陸上に運ばれる。大陸上では年平均750 mmの降水があり，480 mmの蒸発量(植物からの蒸散量も含めて蒸発散量というのが正確ではあるが，ここでは蒸発量は蒸発散量の意味とする)がある。大陸上では降水の方が蒸発より多く，過剰な水は河川(一部は地下水流)となって海へ戻る。

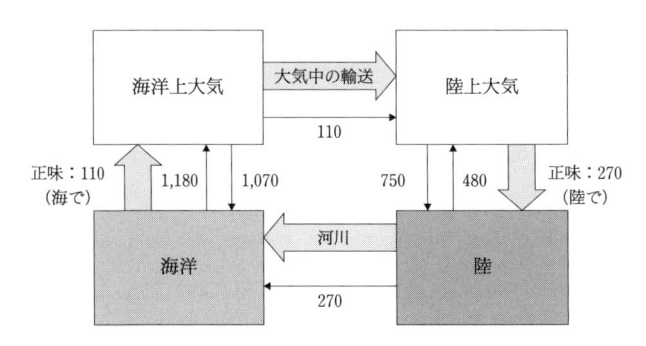

図1 地球の水収支(Hartmann, 1994より)。単位：mm/年。海洋と海洋上大気の間および大気中の輸送は海洋上での平均値。陸上大気と陸間および河川は陸平均の値。

かくして海洋から蒸発した水は大陸上で雨となって降り河川となって海へ戻る。さて，「海洋で平均した降水量と蒸発量はどちらが多いか」という問いを再び考えてみる。もちろん，みてきたように蒸発量の方が多い。しかし，海洋の水収支を考えると，河川で大陸から流入する水があるから，その分だけ蒸発で海から出ていく量の方が多いのは当然といえる。逆に，大陸では河川で出ていく水があるので，降水量の方が蒸発量より多い。この考え方は，河川流域にも適応できる。河川が海に注ぐ河口での年平均流量は，その河川流域での降水量から蒸発量を引いたものにほぼ等しい。ここで「ほぼ」と書いたのは流域の貯留量の変動がある場合は正確には等しくないからである。例えば，近年，北極海に注ぐシベリアの河川の流量が増加しているが，これは流域の正味降水量の増加の他に，温暖化による凍土の融解が一部寄与している可能性がある。

　気候や水循環の話を進める前に，大気構造の基礎的な事柄について説明をしておく。ある空気塊が熱を加えられずに上空に持ち上げられると上空の気圧が低いためにその空気塊は膨張し気温は下がる。この気温の下がる割合 (乾燥断熱減率という) は，100 m につき 1°C である。大気中には水蒸気があり，飽和した空気を冷やすと水蒸気は凝結して雲を生じる。飽和していなくとも空気が上昇すると気温が下がるためにどこかの高度で飽和に達し雲ができ雲粒が成長して雨滴となれば降水が生ずる。雲ができるときに熱を発生する。この熱が大気を暖めるために雲のなかの気温減率は，100 m につき約 0.6°C となる。これを湿潤断熱減率といい，気温によって異なる。気温が高いと小さく気温が高いと大きい。現実の地球大気の気温減率は変動するが平均的には湿潤断熱減率に近い約 0.65°C/100 m である。この気温減率で上空に行くに従って気温は減少するが，ある高度で最低となり，それより上では気温は高度とともに上昇する。この最低気温の高度 (対流圏界面という) は熱帯では約 16 km，中高緯度では約 10 km の高さで，地上からこの高度までの領域を対流圏という。対流圏は対流雲ができる高度領域と考えても良いであろう。対流圏の上は成層圏である。

　大気中に含まれうる水蒸気量 (飽和水蒸気量) は温度が高いと多く，低いと少なくなる。温度が 1°C 上昇すると飽和水蒸気量は 7% 増え，10°C 上昇すると

2倍となるような指数関数的変化をする。したがって大気中の水蒸気の大部分は気温の高い対流圏下層に存在する。

次に降水量の地理分布について述べる。年平均降水量は赤道付近で大きく，亜熱帯域で少なくなり，中緯度でまた大きくなる。熱帯域の降水は背の高い積乱雲など対流性の降水が多いが，中緯度域での降水は温帯低気圧にともなう降水が多い。

対流圏の東西平均した子午面循環は赤道付近で上昇し，対流圏上層で南北に流れ，亜熱帯域で下降し，下層を赤道域に戻る循環となっている(図2)。この循環をハドレー循環という。ハドレー循環は赤道域での活発な対流活動による加熱と亜熱帯域での放射冷却によって駆動される循環である。緯度20〜30度の亜熱帯域はハドレー循環の下降域に当たり乾燥した砂漠が多い。亜熱帯域は海洋上でも亜熱帯高気圧に覆われて晴れの多い地域である。そのため，蒸発量は赤道付近よりも亜熱帯域の方が多く，降水量よりも多い。一方，赤道域と中緯度域は降水量の方が蒸発量より多い。ここでまた収支(budget)を考えると大気中で亜熱帯域から赤道域へ，亜熱帯域から中緯度へと水蒸気が輸送されていることがわかる。

亜熱帯域から赤道域の大気下層では北半球では北東貿易風が吹いており，この流れによって水蒸気は赤道域に運ばれる。貿易風は北半球では北東風で北東から南西にほぼ定常的に吹いている。ハワイのホノルルはオアフ島の南側にあるのでこの北東貿易風の島影になり雨が少ない。赤道域に向かう貿易

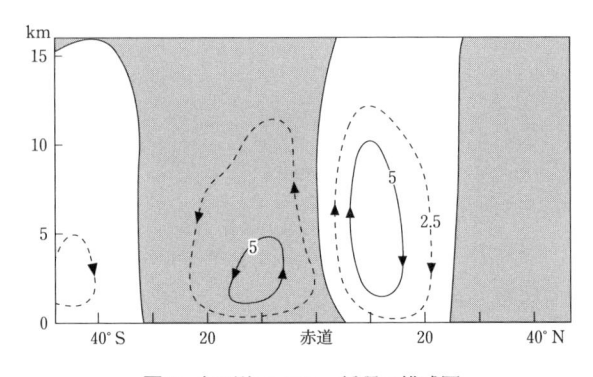

図2 年平均ハドレー循環の模式図

風はハドレー循環の下層の流れであり対流圏上層では逆に赤道域から亜熱帯域へ向かう流れが存在する。しかし上空の気温は低く，水蒸気量はきわめて少ないので上空の流れによる逆向きの水蒸気輸送はきわめて小さい。模式的にいえば，亜熱帯域で海洋からの蒸発で水分をたっぷり含んだ空気が熱帯で上昇し雨を降らして水分を落とし，乾燥した空気が対流圏上層から亜熱帯域へと戻り下降して，また海洋から水分をもらうといった循環をしている。

　中緯度での水蒸気輸送の主役は温帯低気圧である。北半球で温帯低気圧の通り道となっているのは日本付近から北太平洋にかけてとアメリカ合衆国東岸から北大西洋にかけての東西の細長い地域でこれらをストームトラックという。いわば「嵐の通り道」である。温帯低気圧の前面(東側)では低緯度からの湿った暖かい空気が極方向へ輸送される。一方，後面(西側)では高緯度からの乾いた冷たい空気が赤道方向へ輸送される。そのため，温帯低気圧によって熱と水蒸気が低緯度から高緯度へ輸送される。

2. 地球温暖化のメカニズム

　地球の平均気温がどのように決まるのか考えてみよう。ここでも収支の考え方が役に立つ。地球が受けるエネルギーは太陽からの放射がほとんどすべてである。太陽放射のエネルギーフラックスは 1,370 W/m² ほどでこれを太陽定数という。地球の単位表面積当たりでは，太陽定数の 1/4 (断面積と表面積の比)の 342 W/m² となる。太陽から降り注いだ放射のうち，30%は雲，地表面などで反射されるので，地球が吸収するのは，残りの70%で平均 240 W/m² となる。

　エネルギーが入るだけだとどんどん暖まってしまう。地球は赤外線でエネルギーを宇宙に放射してバランスを保っている。その赤外線放射量は温度の4乗に比例する。入射太陽放射と射出赤外放射が等しくなる温度が放射平衡温度(T_e)で 255 K (-18°C) となる。宇宙から地球を眺めて赤外温度計で温度を測ると地球はこの温度になっている。しかし，地表平均気温は 15°C 程度であり，放射平衡温度の -18°C よりは 30°C 以上高い。

　放射平衡温度より地表気温が高いのは大気中には赤外放射を吸収するガス

があるためである。ガスが地表面からの赤外放射を吸収すると上下にその温度に応じた赤外放射を放出し，下方への赤外放射によって地表面が暖まる。これが温室効果と呼ばれるもので，二酸化炭素(CO_2)，水蒸気，メタン(CH_4)，亜酸化窒素(N_2O)，オゾン(O_3)など赤外域に吸収帯をもつ気体を温室効果ガスという。晴れた夜には，放射冷却によりシンシンと冷えるが，雲があるとあまり冷えないのも雲の温室効果である。二酸化炭素などの温室効果ガスは目に見えない雲だと考えるとわかりやすい(図3)。なお，地球を暖めるのに一番寄与している温室効果ガスは水蒸気であり，二酸化炭素は2番目である。

現在の地球は二酸化炭素や水蒸気の温室効果によって15℃程度のほどよい地表気温になっているが，金星は厚い二酸化炭素の大気のために灼熱地獄となっている。地球でも，ジュラ紀・白亜紀のような恐竜が闊歩していた時代は二酸化炭素濃度が現在よりはるかに高く，温暖な気候であった。温室効果をもつ二酸化炭素，メタン，亜酸化窒素，対流圏オゾンなどが人間活動によって増加しているため地球は温暖化しているのである。

二酸化炭素・水蒸気(普通，相対湿度で与える)などの分布を与えて，放射平衡温度の鉛直プロファイルを計算すると大気下層の10 kmくらいでは上層に行くに従って急激に温度が下がる分布となる。このような分布は不安定で対流が起きてしまう。現実の地球大気では10 kmくらいまでは，1 kmにつき6.5℃程度で温度が下がるプロファイルとなっており，この領域を対流圏

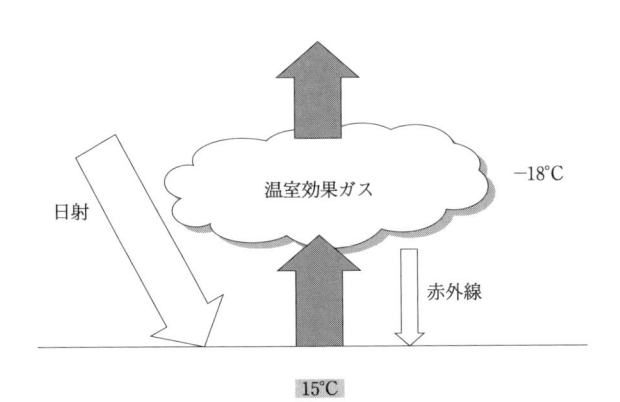

図3　温室効果の模式図

という。対流の効果を取り入れて計算すると現実の温度プロファイルをほぼ再現することができる。これを放射対流平衡という。このような放射対流平衡計算を1960年代初めに世界に先駆けて行ったのは真鍋氏(アメリカ合衆国地球流体研究所)で，二酸化炭素が増加したらどうなるかという計算も行っている(Manabe and Wetherald, 1967)。それによると300 ppmを標準として，倍の600 ppmにすると，地表気温は2.4℃上がり，半分の150 ppmにすると2.9℃下がることを示した(図4)。これは鉛直1次元モデルの結果であるが，3次元的な大気・海洋の運動を表現する気候モデルの開発を進め，気候モデルでの温暖化実験でも真鍋氏らのグループが先陣をきってきた。最新の気候モデルの結果でも，全球平均すれば二酸化炭素が倍になったときに，3℃ほど上昇するということで，放射対流平衡モデルの結果と大きくは違わない。なお，二酸化炭素濃度の増加に対して，地球気温は線形的に増加するのでは

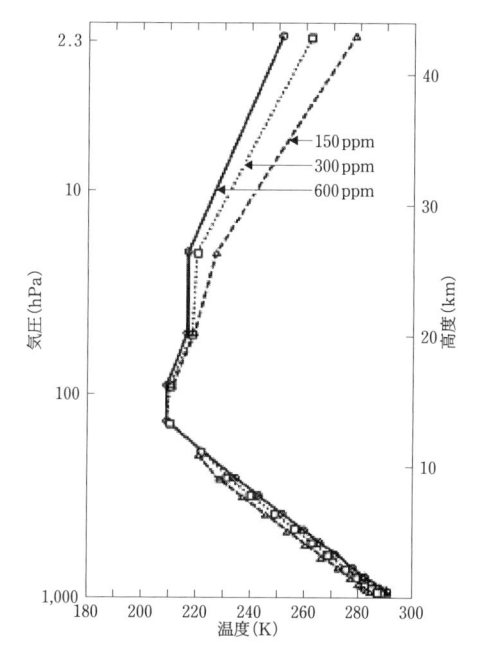

図4　1次元放射対流平衡計算による平均気温プロファイル（Manabe and Wetherald, 1967による計算）。二酸化炭素濃度が150，300，600 ppmの場合。

なくほぼ対数的に増加する．二酸化炭素が2倍で3℃上昇し，4倍では6℃の上昇となるといった具合である．

　図4から成層圏では二酸化炭素濃度が増加すると冷却することもわかる．成層圏では，主にオゾンによる紫外線吸収による加熱と二酸化炭素などによる赤外放射による冷却がバランスしているので二酸化炭素濃度が増加すると冷却効果が卓越するためである．実際，成層圏の冷却が観測されている．もっとも，観測された冷却にはオゾン層破壊の効果も大きいのであるが．

　もう一度，温室効果ガスによる温暖化の原理を宇宙からの眼で説明する(図5)．現在の対流圏では高度1 kmにつき6.5℃の割合で気温が下がる分布をしており放射対流平衡状態となっているとする．このとき，放射平衡温度255 Kに対応する高度(Ze)は約5 kmである．つまり宇宙から赤外の眼で地球を見ると靄っていて，地表は見えず，5 kmくらいの高度からの255 K放射が見える．二酸化炭素が増大すると，さらに靄り，例えば，5.5 kmからの放射となるが，そこは気温が低いので，赤外放射は少なくなる．そうすると釣り合わないので対流圏全体が温暖化して5.5 kmの気温が元の255 Kになって釣り合う．これが地球温暖化である．

　産業革命以来，人類はさまざまな温室効果ガスを放出してきた．一方，亜硫酸ガス・エアロゾルなど地球を寒冷化させる物質も放出してきた．また，

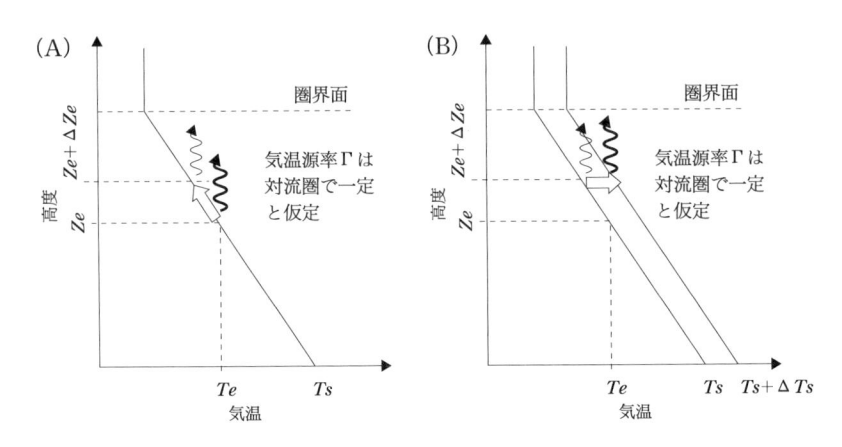

図5　二酸化炭素増加による温暖化原理の模式図(Held and Soden, 2000を引用した北海道大学大学院環境科学院，2007より)．

第2章 温室効果，および気候変化と水資源への影響　23

放射強制力要素		放射強制力(W/m²)	空間的広がり	信頼度
長期間滞留する温室効果ガス	CO₂	1.66[1.49〜1.83]	地球規模	高い
	N₂O	0.48[0.43〜0.53]	地球規模	高い
	CH₄　ハロカーボン類	0.16[0.14〜0.18]　0.34[0.31〜0.37]		
オゾン	成層圏　対流圏	−0.05[−0.15〜0.05]　0.35[0.25〜0.65]	大陸〜地球規模	中程度
CH₄から発生した成層圏の水蒸気		0.07[0.02〜0.12]	地球規模	低い
地表面アルベド	土地利用　積雪上の黒色炭素	−0.2[−0.4〜0.0]　0.1[0.0〜0.2]	局地的〜大陸規模	中程度〜低い
エアロゾル	直接的効果	−0.5[−0.9〜−0.1]	大陸〜地球規模	中程度〜低い
	雲アルベド効果	−0.7[−1.8〜−0.3]	大陸〜地球規模	低い
飛行機雲		0.01[0.003〜0.03]	大陸規模	低い
太陽放射		0.12[0.06〜0.30]	地球規模	低い
人為起源合計		1.6[0.6〜2.4]		

放射強制力(W/m²)

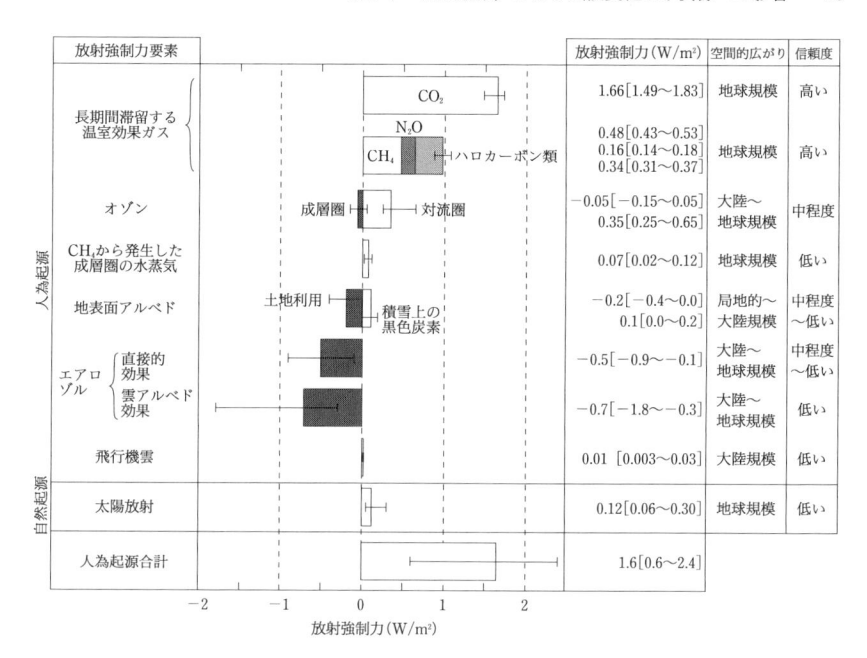

図6 産業革命以降，現在までの各種要因による放射強制力の変化(IPCC, 2007(気象庁訳)より)。プラスは温暖化要因，マイナスは寒冷化要因。グラフの右側の数字で大きさと誤差，空間スケール，推定の信頼度を示してある。

大規模火山活動によるエアロゾルの成層圏への放出や太陽活動の変動など，自然強制による気候への影響もある。これらの要因を放射の変化としてあらわしたものが図6である。

二酸化炭素濃度増加のみで，$1.7\,\text{W/m}^2$ の温暖化を人類はすでにもたらしている。その他の温室効果ガスやエアロゾルをトータルするとプラスマイナスがキャンセルして $1.6\,\text{W/m}^2$ となる。この人為的な放射強制力の値は入射日射エネルギー $240\,\text{W/m}^2$ の約 0.7% に相当する。自然強制もあるものの，人為的な放射強制力よりは，かなり小さい。

3. 近年の気候変化

ここでは近年の気候変化について主にIPCC第4次評価報告書(IPCC, 2007)

に基づいて述べる。

　過去100年間(1906～2005年)で地球の平均気温は0.74℃上昇した。昇温は20世紀前半に大きく，20世紀半ばにはやや寒冷化し，1970年代以降，急激な温暖化となっており，最近は10年で0.2℃弱の温暖化トレンドである。日本の気温も過去100年で約1℃上昇した。全球海面水位は20世紀に上昇し，特に，20世紀の後半の上昇が顕著であり，最近(1993～2003年)の上昇率は年率3.1mmとなっている。北半球の雪氷面積も1980年以降，減少している。北極海の海氷面積も減少し，特に夏の減少がここ数年きわめて顕著である。地球の温暖化は確実に起こっているといえる。

　全球の水蒸気量の観測は難しく古いデータはなく，最近(1988年以降)のデータのみであるが，熱帯を中心に増加傾向にあり，全球平均では変動を繰り返しながらも増えている。十数年の間に約1.2%の水蒸気量の増加がみられる。相対湿度が変わらないとすると(実際に変動は少ない)，気温が高くなると水蒸気量も増えるので，水蒸気量も増えていることは辻褄があっている。降水量に関しては1979年以降のトレンドでは増えている地域もあり減少している地域もあって全球ではやや増える傾向にあるが気温や水蒸気量に比べればトレンドは顕著ではない。一方，強い降水のトレンドは世界でも日本でも増加する傾向にある。

　では近年の温暖化は人間が引き起こしたものであろうか。それとも自然変動であろうか。気候モデルを使って調べることができる。気候モデルは大気や海洋など気候システムを構成するそれぞれの状態を物理法則に基づいて予測するコンピュータプログラムである。気候モデルは炭酸ガスなど温室効果気体が増加したときを想定した将来予測に使われるが，ここでは予測にいく前に20世紀の再現実験の結果をみてみる。これはモデルの性能チェックも兼ねている。気候変動は，炭酸ガスの変動だけではなくて，例えば火山爆発があって成層圏に塵がばら撒かれると寒くなるとか，太陽活動が活発になると太陽放射が増えて暖かくなるとか，自然強制もある。大気・海洋系システム(気候システム)で外力が変わらなくても，自励的に勝手に変動する部分もある。エルニーニョは自然変動の典型的な例である。気候変動は，「自然変動＋自然強制＋人為強制」からなっているといえる。また人為強制でも，温

室効果気体の増大の他に，硫酸エアロゾル(車の排気ガス，工場などから排出される亜硫酸ガスが水滴になって硫酸水滴になるもの)による冷却効果もある(図6参照)。20世紀の人為強制や自然強制の大きさについてはだいたいわかっているので，それを与えて実験を行い，20世紀の気候変化が再現できるかどうかをチェックする。その結果，すべての強制を与えると20世紀の気候変動は概ね再現できることがわかった。そこで，自然強制だけを与える場合や人為強制だけを与える場合の実験を行うことにより，どちらがどれだけ20世紀の気候変動に寄与していたかがわかる。

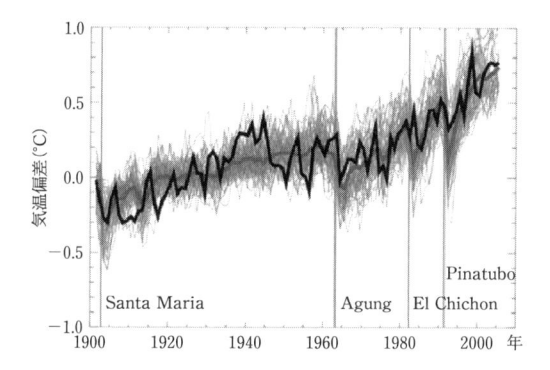

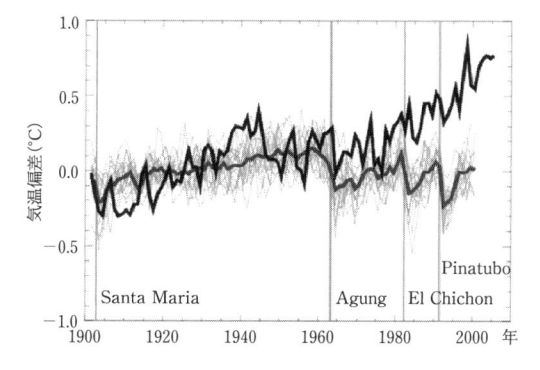

図7 多くの気候モデルによる20世紀気候再現実験による全球平均気温の変化(IPCC, 2007 より)。黒線は観測値で上下共通。細い縦線は大規模火山爆発。爆発後，2〜3年間は寒冷化する。(上)すべての強制を与えて実験したもの。細い多くの線はそれぞれのラン。太線は平均。(下)自然強制だけを与えて実験したもの。

観測された現実の20世紀の気候変動では，20世紀の前半に暖かくなっているが，これは自然強制と人為強制の両方が寄与していたのに対し，20世紀後半の温暖化は人為強制がほとんどの要因であることがわかった(図7)。自然強制だけでは1970年代以降の温暖化はまったく説明できない。逆にいえば，20世紀後半の温暖化は人間が引き起こしたということが明らかになった。

4. 気候の将来予測

　世界各国の気象機関や研究所・大学などで気候モデルが開発されており，それを用いて気候の将来予測が行われている。気候の将来予測のためには炭酸ガスなどの温室効果気体の排出量，それによって大気濃度が将来どうなるか，硫酸エアロゾルの濃度がどうなるかなどが気候モデルに与えられなければならない。炭酸ガスの放出量は，人口の変動，世界経済発展，科学技術の動向，社会的情勢などによってどうなるか確定的なことはいえない。そこで考えうる「シナリオ」を考え，それぞれのシナリオによる将来の炭酸ガス濃度を気候モデルに与えて将来予測を行う。

　まず，少し古いがIPCC第3次評価報告書(IPCC, 2001)に掲載された年率1%で炭酸ガスが増加する場合の予測結果をみてみる。年率1%で増加すると複利で増えるので70年で倍となる。図8には80年後まで示しているが最後の10年は炭酸ガス濃度が初期の倍になったときといえる。多くの線はそれぞれのモデルの予測結果である。個々のモデルの全球平均気温は大きな変動をしている。この年々変動が気候システムにおける自励的自然変動であり，炭酸ガスが単調に増加しても気温が単調に増加するわけではない。しかし，モデル間にばらつきがあるが，長期間トレンドをみればいずれも上昇し，平均では80年後に約2℃の昇温である。

　降水量は気温よりモデル間のばらつきが大きく，ほとんど変化しないモデルもあれば6%増加するモデルもある。降水量の予測は気温に比べて不確実性が大きいが，平均で約3%の増加という予測である。前述したように気温が1℃上昇すると水蒸気量は7%上昇するので平均気温が2℃上昇すれば平

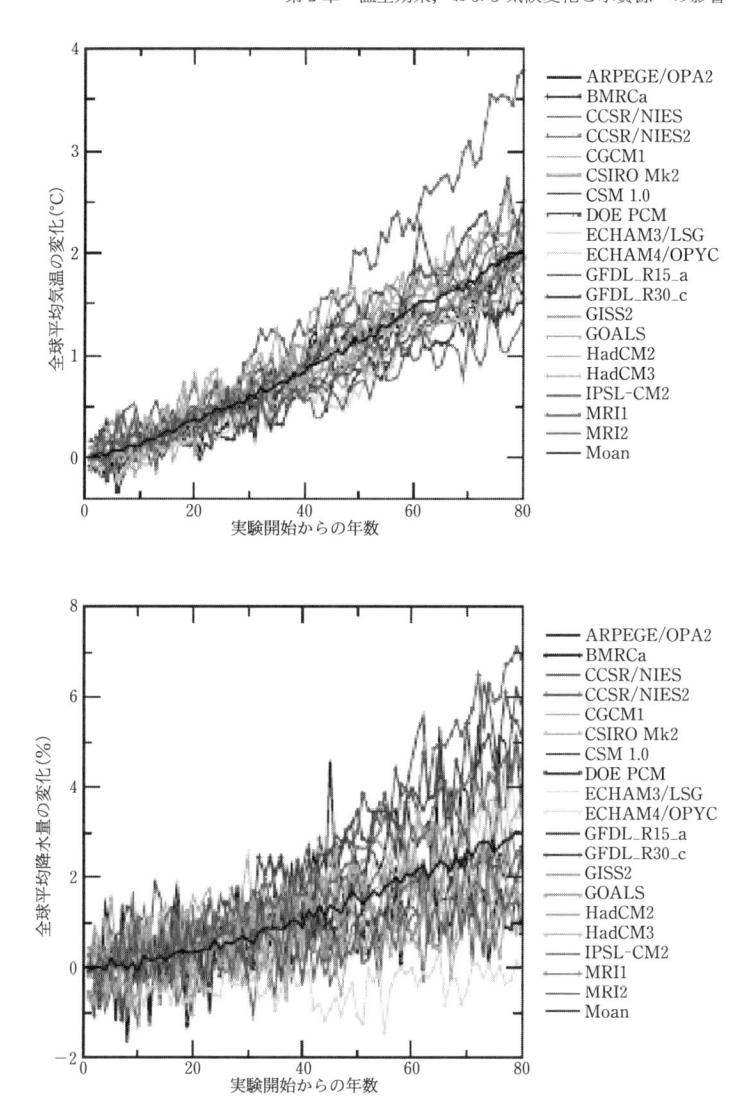

第 2 章　温室効果，および気候変化と水資源への影響　27

図 8　年率 1% で二酸化炭素が増加するという条件下でシミュレートした (CMIP ラン) 19 の気候モデルによる全球平均地表気温 (上) と降水量 (下) の予測 (IPCC, 2001 より)。

均降水量は14%増加してもおかしくない。それに比べて，モデルの予測の平均降水量の増加は1/4にすぎない。水蒸気量は気温に対応して増加するので，水蒸気の入れ替わり時間がやや長くなり水循環が不活発になることを示唆している。温暖化すると対流活動が活発となり対流圏全体が昇温する。熱帯では大気下層より中上層の昇温が大きく大気が安定化する。このため平均的上昇流は弱まりハドレー循環も弱くなると予測される。したがって平均降水量が平均気温の上昇に比べてそれほど増えないと考えられるが，この点に関してはまだ十分な理解が得られていない。

IPCC第4次評価報告書(IPCC, 2007)では，社会の将来シナリオを6つ用意している(図9左)。大きく分けて4つ，A1，A2，B1，B2である。A1は「高成長社会シナリオ」で世界中がさらに経済成長し教育・技術などに大きな革新が起こることを想定している。A2は「多元化社会シナリオ」で世界経済や社会がブロック化され経済成長は低く環境への関心も低いシナリオである。B1は「持続的発展型社会シナリオ」で環境の保全と経済成長を地球規模で両立するとされている。B2は「地域共存型社会シナリオ」でやや低い経済成長で，各地域において環境問題の解決が図られるとされる。A1シナリオは化石エネルギーに頼るA1FI，非化石燃料を重視するA1T，各エネ

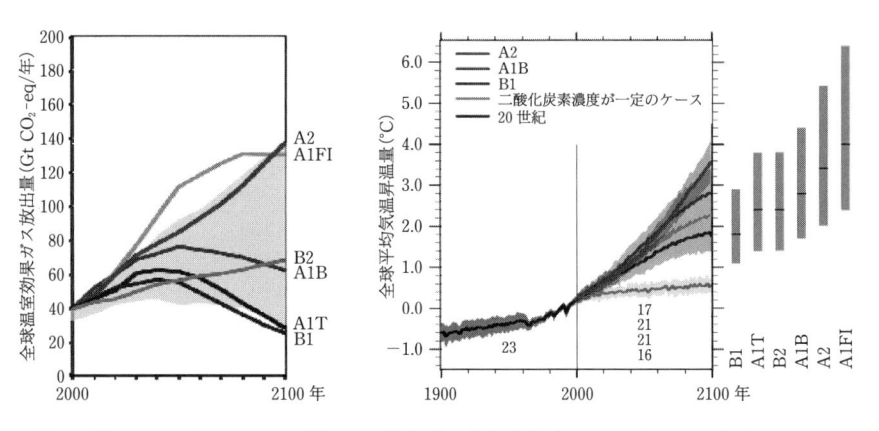

図9 各種シナリオによる21世紀の二酸化炭素放出量(左)とそれぞれのシナリオによる全球平均気温の推移予測(右)(IPCC, 2007より)。各シナリオの中心線は平均で影が気候モデルの誤差範囲。

ルギー間のバランスが図られる A1B に分けられている。6 つのシナリオのなかでは，A2 や A1FI で炭酸ガス排出量が大きく 21 世紀末の炭酸ガス排出量は 20 世紀末の約 3 倍になると想定される。B1 シナリオは炭酸ガス排出量が最も少なく，2040 年ころまでは増大するが，以後減少し 21 世紀末の排出量は現在の 6 割程度に下がる。これらのシナリオに応じて昇温量も変わる。

　最も環境保全的な B1 シナリオでは，100 年後には約 2°C の昇温，一番化石資源浪費的な A2 なら約 4°C で，平均的なシナリオ(例えば，A1B)では約 3°C の昇温となる(図 9 右)。注意すべきはいずれのシナリオでも排出はあるので，大気中の炭酸ガス濃度は増加し続けることである。もし仮に炭酸ガス濃度が現状から変わらないと仮定した場合でも，21 世紀末には約 0.6°C 昇温する。これは海洋の大きな熱慣性と海洋循環の長い時間スケールのために，一定の炭酸ガス濃度の値に対して気候システムが平衡状態になるには数百年以上の長い時間がかかるからである。

　温暖化にともない，社会経済的に利益もあるが損失もある。損失を抑えるために緩和策や対策がいろいろ考えられているがそれにはコストがかかる。しかし気温が 2°C 上がると損失および対策コストが利益を大幅に上回るので，2°C 以下に昇温量を抑えることは何も対策をとらない場合よりも社会経済的に利益が大きいと試算されている。昇温量をなるべく抑えるように，炭酸ガス排出量の削減に世界は向かっている。

　シナリオによって 21 世紀末の昇温量は 2〜4°C であり，気候モデル間のばらつきも加わって，21 世紀末の気温予測は不確実性が大きい。しかし，どのシナリオでも今後 20〜30 年は，10 年につき約 0.2°C のトレンドで上昇するであろうことはほぼ一致している。これはどのシナリオでも，今後 20〜30 年は炭酸ガス濃度の上昇は止まらないこと，現在は気候システムが高い炭酸ガス濃度での平衡状態への移行過程にあることが原因である。しかし人類の叡智によって炭酸ガス濃度の上昇が抑えられれば，孫の世代(21 世紀半ば以降)の温暖化は抑制されるであろう。

　温暖化の地理分布をみてみる。北極やシベリアなど高緯度は昇温量が大きく，世界平均の 2 倍の昇温となる。これは主にアイス・アルベドフィードバックが原因である。アルベドとは日射の反射率のことである。雪や氷は日

射をよく反射する．もともと雪や氷があるような所は温暖化して雪氷が減ると日射をより吸収しやすくなり温暖化が加速する．日本のなかでは北海道は高緯度にあるので，温暖化の影響を受けやすい所である．

5. 降水量・水資源の変化予測

　平均的シナリオ A1B による 21 世紀末の年平均降水量の変化をみてみる（口絵 2）．熱帯の赤道付近では増え，高緯度でも増える．高緯度は気温が暖かくなると水蒸気量が増えるために降水量も増える．ところが亜熱帯域，北米南部・中米から地中海・中央アジアにかけては降水量が減少する．これらの地域はもともと降水量が多くない地域である．亜熱帯域でも日本も含めてアジア東岸では降水量は増加する．熱帯から中緯度にかけての降水量変化は，おおまかにいえばもともと多雨地帯では増加し乾燥地域では減少する傾向である．

　降水量とともに蒸発量も変化し，その結果，土壌水分量や河川流出量も変化する（口絵 3）．北米南部・中米から地中海・中央アジアにかけての地域では降水量の減少にともない，蒸発量もやや減少し，河川流出量・土壌水分も減少すると予測されている．これらの地域では干ばつが頻発し水資源問題が深刻化するであろう．一方，アジアモンスーン地帯では降水量が増加し河川流出量も増加し，洪水対策が重要になるであろう．

　これまで平均降水量についてみてきたが，洪水被害を考えると，豪雨の頻度・程度がどうなるかも重要である．豪雨の頻度を調べた結果によると，亜熱帯海洋上を除くほとんどの地域で豪雨は増加し強くなると予測されている．豪雨の増大は水蒸気量の増加と量的にも整合的である．

　降水は上昇流によって起きる．同じ上昇流の強さでも大気中の水蒸気量が多いと降水量は多い．そこで降水量の変化を上昇流の分布の変化（力学的変化）と同じ強さの上昇流のときの降水量の変化（熱力学的変化）とに分け解析してみる（Emori and Brown, 2005）．すると，平均降水量も豪雨も，多くの地域で，熱力学的効果で増大し，力学的効果で減少する傾向にある．

　日本を含むモンスーンアジアの多雨地帯では，平均降水量はやや増加する

が，気温の上昇による値(1°Cで7%増)よりも少ない。けれど，強雨は気温の上昇率に対応した率で増加する。つまり水蒸気量が増加するので，いったん台風や温帯低気圧または積乱雲などの擾乱があると，短時間降水量が増える。一方，降水がない期間も増えるということになる。したがって，豪雨に対する対策が主に重要ではあるが，干ばつによる渇水対策も考えねばならないことになる。日本においても梅雨期の集中豪雨や雷雨のような短時間豪雨の強度・頻度は増すが，逆に，無降水期間も増える傾向にある。特に西日本では豪雨と干ばつの両方の対策が必要である。

　地中海沿岸のような乾燥地域では，平均降水量が減ると予測されるので干ばつに対する対策はこれからますます重要になる一方，これまでにない豪雨が起こる可能性も高く，非常に難しい問題に直面しているわけである。

6. 海面水位と海洋循環への影響

　海洋への影響というとまず海面の上昇を思い浮かべるだろう。もうひとつは海洋循環の変化，特に深層水の形成が減ることだ。ここでは生物や地球化学に関する影響には触れず，物理的なインパクトに限ることとする。海面上昇を起こす要因としていくつか考えられるうち，最近100年間と21世紀末まででは，海水の温度が上がり膨張すること，そして山岳氷河の融解が主だ。比較的確かなデータがある最近50年でみると，全地球の海面上昇は6 cmであり，そのうち1,000 m深より上の海水膨張と山岳氷河融解がそれぞれ2 cmずつである(Domingues et al., 2008)。残りはこれらふたつの要因の誤差，および2,000 m以深の海水温上昇とグリーンランド氷床の融解に不確かさがあることによる。北極海の海氷は融けても海面を上昇させることはない。ただし海水の塩分を低下させると密度を下げ，ほんのわずか海面上昇に貢献することを付け加えておく。

　21世紀末までの海面上昇は30 cmと予測されており，将来社会のシナリオによる差と温暖化予測モデルの違いによって20 cm増減する(IPCC, 2007)。山岳氷河はかなり融けるが総量は少なく，海水温の上昇が主である。グリーンランドの氷床はゆっくり融けると思われていたが，近年の観測で速く減っ

ていることがわかってきた。全体では 7m 程度の海面上昇に相当する量をもっているので，予測値を倍増する可能性がある。一方で南極の氷床は 80m もの上昇を起こす量だが，温暖化にともなう水蒸気増加が降雪を増やすことによって，むしろ厚くなると予想されている。ただし東南極の脆弱な氷床は急速に融けだすこともありうるので，注意深くモニタリングする必要がある。

　海面上昇は 21 世紀末でもせいぜい 1m であるので，日々の潮汐による海面昇降より小さく，人間社会に大きな影響を及ぼさないとする意見がある。しかし，わずか 1m の海面上昇でも日本で高潮による水害リスクを有する人口・面積(現在，ゼロメートル地帯の人口は 400 万人，面積は 600 km²)は 1.5 倍(人口は 600 万人，面積は 900 km²)になる。さらに，凶暴化する台風による高潮，高波が，この上昇分に加わる事実を考えれば，沿岸の防波堤や港湾工事に海面上昇の予測値を考慮する必要は明らかだ。高額の工費がかかる事業であるからこそ，予防原則を取り入れ，市民生活の安全を優先させる意見も当然といえる。

　北大西洋のグリーンランド海において，海水が大気に冷却され密度が増すと鉛直混合が起きる。このときに 3,000m 深まで沈んだ海水を北大西洋深層水と呼ぶ。結氷すると海水の塩分が増加し，密度が大きくなるが，この効果は小さいといわれている。地球温暖化によって冷却が弱まれば，当然，深層水の形成量は減る。これに加えて，北極海からの海氷と表層水の流出が増え，グリーンランド海の塩分を下げて，グリーンランド海表層の密度増加を妨げることも深層水形成を妨げているようだ。その結果として，最近 10 年では，グリーンランド海ではなく，もっと南のラブラドル海で深層水ができている。しかし，この深層水の密度はそれほど大きくならず，2,000m 深までしかもぐらない。

　全海洋には北大西洋に始まる深層循環があり，コンベヤベルトと呼ばれている。これは大西洋を南下し，南極大陸の周りを東向きに回って太平洋に入り，北太平洋の北部で上昇する。その後はインドネシア諸島の間からインド洋を通って，大西洋に戻る。深層水形成量が減れば，当然コンベヤベルトを弱める。大西洋では弱まっていることが確認されているものの，全海洋への

影響はまだ確かめられていない。もし深層循環が弱くなるとどうなるだろうか。高い栄養塩を含む海水が海面近くに上昇することによって植物プランクトンの生長を維持しているのであり，深層循環が弱くなると，植物プランクトンが減少し，全海洋生態系への影響は計り知れない。

7. おわりに

気候モデルは最新の科学的知見を取り込んだものではあるが，計算時間の制約などでまだ不十分である。例えば，これまでの気候モデルの水平解像度は100 km程度であり，個々の対流雲を表現していない。降水や雲の表現に関して，気候モデルは不確実性があることに注意すべきであろう。他のプロセスについても不十分な点がある。北極海の海氷面積は2005年9月に急激に減少し，さらに2007年9月には平年の半分となる記録的な減少をした。最近の北極海の夏の海氷面積の減少トレンドはほとんどの気候モデルの予測を上回るペースで進んでいる(Stroeve et al., 2007)。これは自然変動にすぎないという考えもあるが，一方，現在の気候モデルは海氷変動を過小評価している可能性も高い。将来，気候モデルの高度化が進展し予測の不確実性が減少することを期待したい。

気候と植生は相互作用している。植生は降水量・日射・湿度・気温など気象要素の影響を受ける。一方，植生はアルベドや蒸散作用を通して気候に影響を与える(Kitoh et al., 1988)。砂漠は植生よりアルベドが高く(日射をより強く反射)，大気を冷やす。そのため下降流が強くなり，ますます降水が起こりにくくなる。これを砂漠・アルベドフィードバックという(Charney, 1975)。この双方向相互作用が強いのは半乾燥地帯である(The GLACE Team, 2004)。サハラ砂漠の南の半乾燥地帯のサヘルでは，1960年代から1980年代にかけて干ばつが起こった。主に自然変動が原因ではあるが，ヤギなど家畜の過放牧によって砂漠化したことが，アルベドを高め蒸散を減少させて，降水量の減少を加速させたことも要因である。いったん，砂漠化すると気候学的にも元に戻すのは容易ではないといえる。一方，気候・植生相互作用が強い半乾燥地域では人為的に植生を回復すれば降水量が増える可能性もある。適切な

水資源管理・家畜管理・植生管理が温暖化・乾燥化の悪影響を緩和する可能性がある。

[引用・参考文献]

Charney, J.D. 1975. Dynamics of deserts and drought in the Sahel. Quart. J. Roy. Met. Soc., 101: 193-202.

Domingues, C.M., Church, J.A., White, N.J., Gleckler, P.J., Wijffels, S.E., Barker, P.M. and Dunn, J.R. 2008. Improved estimates of upperocean warming and multi-decadal sea-level rise. Nature, doi:10.1038/nature07080.

Emori, S. and Brown, S.J. 2005. Dynamic and thermodynamic changes in mean and extreme precipitation under changed climate. Geophys. Res. Lett., 32, L17706, doi: 10.1029/ 2005GL023272.

Hartmann, D.L. 1994. Global physical climatology. 411 pp. Academic Press.

Held, I.M. and Soden, B.J. 2000. Water vapor feedback and global warming. Ann. Rev. Energy Environ., 25: 441-475.

北海道大学大学院環境科学院. 2007. 地球温暖化の科学. 262 pp. 北海道大学出版会.

IPCC. 2001. Climate change 2001: the scientific basis. Contribution of working group I to the third assessment report of the intergovernmental panel on climate change (eds. Houghton, J.T., Ding, Y., Griggs, D.J., Noguer, M., van der Linden, P.J., Dai, X., Maskell, K. and Jhonson, C.A.). 881 pp. Cambridge University Press.

IPCC. 2007. Climate change 2007: the physical science basis. Contribution of working group I to the fourth assessment report of the intergovernmental panel on climate change (eds. Solomon, S.D., Qin, D., Manning, M., Chen, Z., Marquis, M., Averyt, K. B., Tignor, M. and Miller, H.L.). 996 pp. Cambridge University Press.

Kitoh, A., Yamazaki, K. and Tokioka, T. 1988. Influence of soil moisture and surface albedo changes over the African tropical rain Forest on summer climate investigated with the MRI GCM-I. J. Meteor. Soc. Japan, 66: 65-86.

Manabe, S. and Wetherald, R.T. 1967. Thermal equilibrium of the atmosphere with a given distribution of relative humidity. J. Atmos. Sci., 24: 241-259.

Stroeve, J., Holland, M.M., Meier, W., Scambos, T. and Serreze, M. 2007. Arctic sea ice decline: Faster than forecast. Geophys. Res. Lett., 34, L09501, doi: 10.1029/2007GL029703.

The GLACE Team. 2004. Regions of strong coupling between soil moisture and precipitation. Science, 305: 1138-1140.

地球温暖化の進行にともなう森林生態系への影響
北方林に注目して

第3章

北海道大学低温科学研究所/原　登志彦

1. オホーツク海周辺の気候とカムチャツカ北方林

　日本の真北に位置するオホーツク海そしてカムチャツカを含むロシア極東は日本の気候や生物生産にも密接に関係していると考えられる。何よりも，世界自然遺産に登録されている多様で美しい自然がカムチャツカにはある。また，この地域の生態系は，地球温暖化による影響を最も受けやすいと考えられている。しかしながら，長年にわたる旧ソビエト連邦の軍事上の政策によりロシアと東欧の研究者以外にとってはこの地域の研究はほぼ不可能であった。1991年の旧ソビエト連邦の崩壊とそれにともなう1992年からのカムチャツカの対外開放により，ようやくこの地域の生態系の研究も進展することになった。北海道大学低温科学研究所では，カムチャツカの氷河と水文気象の研究を1995年より開始したが，1997年からはカムチャツカの北方林の生態学的研究も開始した。

　カムチャツカにも存在する北方林とは，一般的に北緯45〜70度の地域に存在する森林のことで，約1,280万km^{2}の面積を有する。これは地球上の全森林面積3,870万km^{2}の約1/3に相当し，熱帯林(約1,820万km^2)に次ぐ広大な面積である(国連食糧農業機関，2002)。また，北海道は北方林の南限に

位置するといえ，そこには日本の全森林面積 25 万 km² の 1/4 弱に相当する 5.5 万 km² の森林が存在している。このように広大な面積を有する北方林であるが，熱帯林の研究に比べるとまだその研究は少ない。本章では，主にカムチャツカ北方林における近年の環境変化とその森林生態系に関する研究を紹介したい。カムチャツカと北海道の間に位置するオホーツク海は，最も低緯度の季節海氷域として知られている。簡単にいえば，赤道・熱帯に最も近い凍る海である。そのオホーツク海氷（流氷）は過去 100 年で約 40% 減少している（青田昌秋（北海道大学名誉教授）による）。また，低温科学研究所の氷河グループ（白岩孝行（現総合地球環境学研究所）他）の調査によれば，カムチャツカのカレイタ氷河は 1960 年から 2000 年の 40 年間で約 450 m 縮小したことが判明している（Yamaguchi et al., 2003）。その主な原因としては冬の降水量の減少が考えられている。

このように，オホーツク海やカムチャツカの環境は近年大きく変化しているようである。したがって，この地域の自然植生がどのように変動しているのか，またどのような影響があらわれてきているのかを研究することは重要であろう。このような観点から，カムチャツカ北方林の動態と環境との関係を解明すべく 1997 年から調査が開始された。ロシアのカムチャツカ州は面積 47 万 2,300 km²，人口 38 万 3,000 人（2000 年 1 月 1 日時点）で，そのうち約半数（19 万 4,000 人）が住むのが州都ペトロパブロフスク・カムチャツキーである。調査地のひとつであるコズイレフスクの月平均気温は最も寒い 1 月が －18℃，最も暑い 7 月で 15℃，そして年平均降水量は 450 mm である。このようなカムチャツカにおいて，氷河の縮小と植生の侵入パターン，樹木年輪と氷河コアの解析による古環境復元，北方林の更新様式の解明（森林の更新とは，森林を構成する樹木の各個体がそれぞれ生長，繁殖，枯死と世代交代を繰り返しながら森林が維持されてゆく自然の過程のこと），リモートセンシングを用いて近年頻発している森林火災の攪乱様式の解明，森林火災が北方林の森林更新に与える影響の解明，北方林の二酸化炭素収支の解明と環境変動の影響予測モデルの開発などが行われている。

2. カムチャツカ北方林の更新様式と環境ストレス

　カムチャツカにおける植物への環境ストレスと北方林の更新様式を明らかにするために，1997年より0.5～1 ha規模の固定調査地が合計7か所設定され，毎年継続調査が行われている．主な調査地はカムチャツカ中央低地帯のエッソとコズイレフスク近辺の森林である．エッソには，共同研究のカウンターパートであるロシア科学アカデミー・カムチャツカ生態学研究所のフィールドステーションがある．まず，カムチャツカ生態学研究所の本部がある州都ペトロパブロフスク・カムチャツキーから車で約10時間かけてエッソのフィールドステーションに到着する．ここでフィールド調査の準備を行い，トラックをチャーターし調査地へと向かう．ここからコズイレフスクまでは約5時間，さらに森のなかを走ること約1時間でコズイレフスク調査地へと到着する．ここで調査を行うときは数週間のテント生活である．ここでの主要な樹種は日本のカラマツの仲間である落葉針葉樹のグイマツ *Larix gmelinii* と北海道にも自生している常緑針葉樹のエゾマツ *Picea jezoensis* である．さらに，日本にも多く自生するシラカバ *Betula platyphylla* とポプラの仲間で北海道にも自生するチョウセンヤマナラシ（またはエゾヤマナラシ）*Populus tremula* が混じる森が形成されている．ここに，例えば1 haの調査区であれば縦100 m横100 mの正方形の枠をロープで張り，そのなかに生育しているすべての樹木に番号の付いたラベルを打ち付ける．それら各個体の樹種名を特定し，位置（調査区のひとつの隅を原点とした x-y 座標）を測量し，そして地面から1.3 mの高さで（それよりも小さい個体では地面での）幹の周囲長とさらに樹高を測定する（このような調査を毎木調査という）．このような測定が7か所の調査地すべてにおいて2～4年ごとに一度ずつ行われている．このような長期にわたるデータを解析することにより，どの樹種のどの位置にあるどの大きさの個体がどの程度の速さで生長しているのか，あるいはいつ枯れてしまったのか，などといった森林の動態を把握することが可能となる．さらに，調査地に設置された気象観測装置の記録から得られる気象条件の変動と合わせて解析すると，環境変動と森林動態の相互関係が明らかとなる．

図1の写真は，コズイレフスク調査地のひとつで林齢約200年のグイマツの非常に疎な森林である。ここでの幹の断面積の合計は1 ha当たり約25 m^2である。暖温帯林や熱帯林では幹の断面積合計が60〜70 m^2/ha程度あるのに比べても，いかに疎な森林であるかがわかる。

　カムチャツカ北方林の森林更新を紹介する前に，熱帯や温帯の森林更新について説明する。図2の写真は長野県・御嶽山のトウヒ Picea jezoensis var. hondoensis(カムチャツカや北海道のエゾマツと同じ種でその変種)，シラビソ Abies veitchii，オオシラビソ Abies mariesii からなる森林の更新様式を示している。これらの幼木は明るいギャップ(森林で大きな成木が生えておらず，上から覆いかぶさる葉がない空所)に定着し生育しているが，暗い林冠(森林で成木が多く生え，葉が茂っている所)の下では生育できずに枯死してしまう。これは，熱帯や温帯の森林でよく見られる森林更新の様式で，「ギャップ更新」と呼ばれている(例えば，日本生態学会，2004など参照)。一方，カムチャツカ北方林のギャップ内および林冠下の幼木のようすを示したのが図3の写真である。

　このように，カムチャツカ北方林では，明るいギャップ内でエゾマツの幼木は枯死し，暗い林冠下で青々とした葉をつけ生育しているのがわかる。この傾向は，カムチャツカ北方林のもうひとつの主要樹種であるグイマツでも同じである。森林の光環境と幼木の空間分布の詳しい統計解析を行い，エゾマツとグイマツの幼木はギャップでは枯死し，林冠下で生育していることが判明した(Homma et al., 2003)。

　このカムチャツカ北方林の森林更新は，熱帯や温帯でよく知られているギャップ更新とはまったく逆のパターンであり，「林冠更新」と名づける。なぜ，カムチャツカ北方林でこのような森林更新が起こるのであろうか？ 2004年のカムチャツカ調査ではこの謎を解くためにPAM2000という機器を現地の調査地に持ち込みクロロフィル蛍光に関するさまざまな測定が行われた。その結果，カムチャツカ北方林のギャップ内のエゾマツとグイマツの幼木は大きな光傷害を受けていること(例えば早朝，昼，夕方すべて光合成活性をあらわすパラメータ Fv/Fm が0.5〜0.6程度)，林冠下のこれら幼木は光傷害を受けておらず(同じく，0.8程度)健全な光合成の活性を示していることがわかった。

図1　カムチャツカ・コズイレフスクの北方林調査地。林齢約200年のグイマツの疎林である。

図2 熱帯や温帯の森林で一般的な「ギャップ更新」。長野県の御嶽山のトウヒ・シラビソ・オオシラビソ林における例。幼木は明るいギャップで生育し (A) (B)、暗い林冠下では枯死する (C) (D)。

図3 カムチャツカ・コズイレフスク調査地のエゾマツ林における森林の更新様式「林冠更新」。幼木は明るいギャップでは枯死し (A) (B)、暗い林冠下で生育する (C) (D)。

この光傷害について簡単に説明したい。まず，植物の光合成とは，太陽の光をエネルギー源として空気中の二酸化炭素を有機物に合成する葉のなかで起こっている反応のことである。植物はこの有機物を用いて生長し，花を咲かせ種子をつくっている。ところが，低温や乾燥など環境からのストレスが強い状況下では，二酸化炭素を有機物に合成する化学反応（カルビン回路）が起こりにくくなる。その結果，使われない太陽光エネルギーが過剰に蓄積されるので活性酸素が生み出され，植物の組織が破壊される。このような植物が受ける傷害のことを光傷害と呼ぶ。簡単にいうと，北方林が存在する寒冷圏特有の低温と乾燥といった気候条件のもとでは明るいギャップ内の幼木は光傷害を受け，枯死しやすいということである。この結果，カムチャツカ北方林では林冠更新という独特な森林更新が起こっていると考えられる。

　さて，カムチャツカ北方林の林冠下で生育する幼木であるが，その林冠を構成する大きな成木がいつまでもそこに生存していたのでは，その下の幼木はやがては枯れてしまうこと，その幼木がさらに生長して次世代の成木へと

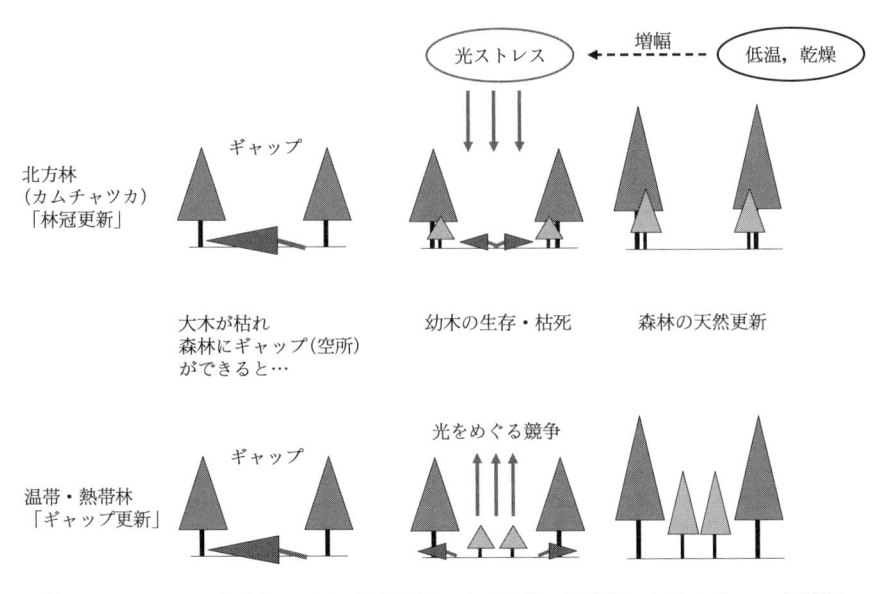

図4　カムチャツカ北方林における林冠更新および熱帯・温帯林におけるギャップ更新のメカニズムをあらわす模式図

なるためには，幼木が生きている間にその上を覆っている成木が枯れなければならないこと，も調査データの詳しい統計解析の結果判明した(Takahashi et al., 2001)。このように，カムチャツカ北方林が順調に更新し森林が維持されてゆくためには，①幼木がギャップを避けて成木の周り，つまり林冠下に定着し，②その後，周りの成木の枯死のタイミングに合わせて生長する，というふたつのハードルを越えなければならないのである。すなわち，カムチャツカ北方林は，熱帯林や温帯林に比べ複雑な更新様式を有し，気象条件や成木の枯死のタイミングなど微妙なバランスのもとに成立している森林であるといえよう。以上のようなカムチャツカ北方林に特有の森林更新の様式が，疎林が形成される要因のひとつであると考えられる(図4)。

3. 温暖化にともなう北方林の炭素吸収能力

次に，気候変化がこのような北方林の機能に及ぼす影響について紹介する。森林が二酸化炭素を吸収する機能は今後の気候変化でどのような影響を受けるのであろうか？　気温が少し上昇すると植物の生理活性が上がり二酸化炭素をより多く吸収するようになるが，気温上昇がある程度以上になると二酸化炭素の吸収能力が低下してしまうと予想される。その切り替えのメカニズムに関して理論モデルにより得られた研究結果を紹介する。気候変動と植物の生長の相互作用に関するモデルは，これまでにもいくつか開発されてきているが，ここでは Hara et al.(2001)と Watanabe et al.(2004)のモデルに基づき，地球温暖化にともなうカラマツ林の結果を紹介する(Toda et al., 2007)。カラマツは，北方林の主要な樹種である(カムチャツカのグイマツもその1種)。

図5(A)(B)の横軸は，単位土地面積当たりの樹木個体数密度(m^{-2})であり，森林の自己間引き(または，自然間引き：数多くの芽生えから生育を開始した植物個体群は，生長とともに光や水・養分などをめぐる個体間競争の結果，枯死する個体が増加し，個体数密度は減少してゆくという現象)における個体数密度の減少にともなう「森林の発達の程度」(生育開始からの時間)をあらわしている。左側が若い森林で，右側にゆくに従って成熟した大きな森林になる。図5(A)は森林の葉量(葉面積指数：LAI, Leaf Area Index)の変化をあらわしている。例えば，LAI(無次元)

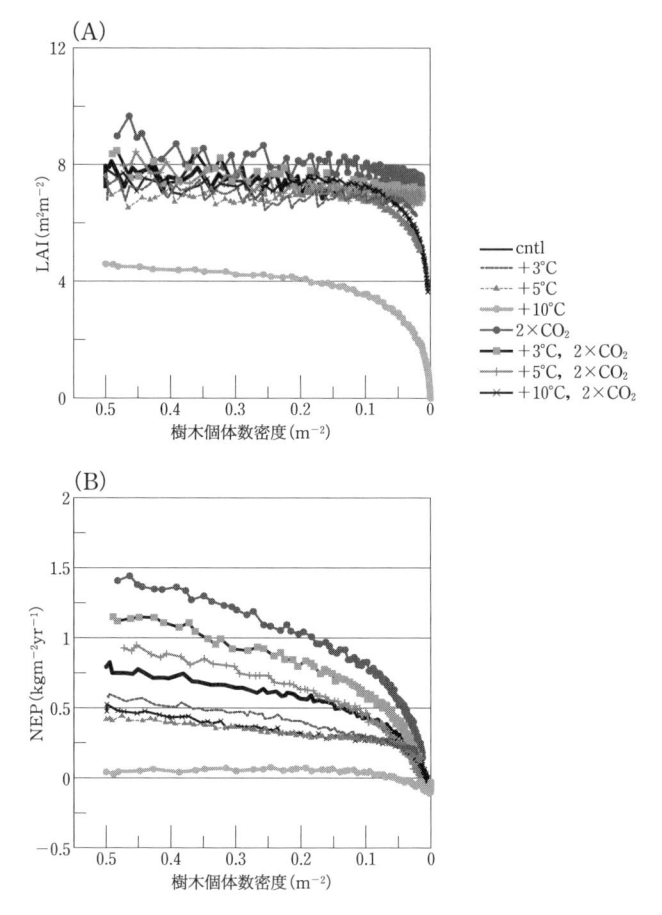

図5 モデル・シミュレーションにより得られた，気候変化がカラマツ林の葉面積指数 LAI(A)と純生態系生産 NEP(B)に及ぼす影響(Toda et al., 2007 をもとに作成)。cntl は，現在の気候条件をあらわす。気候変化としては，気温上昇(現在の気温より +3℃, +5℃, +10℃)と空気中二酸化炭素濃度の倍増($2\times CO_2$)を想定し，それらのさまざまな組み合せでシミュレーションが行われた。(A)(B)ともに横軸の樹木個体数密度は森林の発達の程度(生育開始からの時間)をあらわす。

が1であれば，土地1 m²に存在する葉の合計面積が1 m²であり，3であれば土地1 m²当たりに合計3 m²の葉が存在するということをあらわしている。cntlの黒線が現在の気候における変化である。温暖化して現在の気温よりも+3℃，+5℃，+10℃と気温が上昇する場合，気温が上昇するだけでなくさらに空気中の二酸化炭素の濃度が2倍になる場合(2×CO_2)，あるいは気温は変化せず空気中の二酸化炭素の濃度が2倍になる場合など，さまざまな状況を想定してシミュレーションが行われた。図5(B)は森林生態系が吸収する二酸化炭素の量(純生態系生産＝植物の総光合成－植物の呼吸－土壌呼吸：NEP, Net Ecosystem Productivity)をあらわしている。空気中の二酸化炭素濃度が2倍になって気温が5℃上昇した場合，森林生態系によって吸収される二酸化炭素の量は現在の気候での場合よりも大きくなる。気温の上昇にともなって植物の生理活性が上がりかつ空気中二酸化炭素の施肥効果により植物が多くの二酸化炭素を吸収するようになるからである。しかし，気温のみが3℃以上上がった場合，あるいは空気中の二酸化炭素濃度が2倍になって気温が10℃上がった場合には，逆に森林生態系の二酸化炭素吸収能力は低下する。このように森林の二酸化炭素吸収能力は気温や空気中二酸化炭素濃度と非常に複雑で微妙な関係にある。気温の変化および空気中の二酸化炭素濃度の変化によって，図5(A)でわかるように森林の葉量LAIは変化する。また，植物や土壌の呼吸量も変化する。それらに応じて森林生態系が吸収する二酸化炭素の量も大幅に変化するのである(図5(B))。

　まとめると，北方林主要樹種のカラマツの森林では，空気中の二酸化炭素濃度が2倍になった場合，気温の上昇が0〜5℃ぐらいまでであると森林生態系が吸収する二酸化炭素の量は現在の気候条件の場合よりも増加する。ところが，空気中の二酸化炭素濃度が2倍になって，気温の上昇が6〜10℃になると森林生態系の二酸化炭素吸収量は，逆に低下する。また，空気中二酸化炭素濃度は変化せず，気温のみが上昇した場合は，3℃のみの上昇でも森林生態系の二酸化炭素吸収量は低下する。2007年にIPCC(気候変動に関する政府間パネル)がさまざまな研究論文を総合してレポートをまとめた結果，地球温暖化の原因が人間の活動である確率が今のところ90％だとされた。そして21世紀末までの地球全体の平均の気温上昇に関しては，さまざまな研究

論文のなかで最大の予測結果を出したものが+6.4℃であった。以上より，空気中の二酸化炭素濃度が上昇した場合，4℃程度の気温上昇であれば森林生態系の二酸化炭素吸収能力は高まるが，6.4℃上がってしまうと逆に低下してしまう，という非常に微妙な予測が成り立つ。地球温暖化では高緯度地域ほど気温上昇が高くなる，ということも考えられているので，地球全体で平均して気温が4℃上昇ということであっても，北方林では6℃ぐらい上昇してしまう可能性もある。このように気温が上昇しすぎると，空気中二酸化炭素濃度の増加による施肥効果にもかかわらず，森林生態系の二酸化炭素吸収能力が低下してしまうと予測されるのである。これに加えてさらに懸念されることがあるが，それを次の節で述べたい。

4. 北方林の将来予測と環境問題

　北方林は気象条件との微妙なバランスのもとに成立している森林である。急激な気候変化が起こり，北方林の環境が急変すると北方林はますます疎林化し衰退してゆくのではないかと危惧される。最初に紹介したように，カムチャツカにおける近年の降水量の減少がカレイタ氷河の縮小を引き起こしていると推測されているが，降水量の減少，すなわち乾燥化は北方林の林冠更新をますます加速し疎林化が進むのではないかと予測されるのである。
　このような急激な気候変化のみならず，人為的な森林火災や違法伐採などでカムチャツカを含めたロシアの北方林は荒廃しつつあるのが現状である。最後に，このような北方林の環境問題について述べたい。1年当たりの森林火災の面積は，ロシア全体で最大5.3万 km^2 にまで達する(柿澤・山根, 2003)。北海道の森林面積が5.5万 km^2 であることを考えると，これは非常に大きな火災面積である。また，カムチャツカだけに限っても，森林火災面積は最大800 km^2/年に達する(カムチャツカ森林管理局から得たデータをもとに算出)。ちなみに日本の森林火災面積は最大で26 km^2/年であるので(林野庁, 2005)，カムチャツカだけでもいかに多くの森林が火災で毎年焼失しているかがわかる(カムチャツカの面積は日本よりもやや大きいが，人口は約1/300である)。カムチャツカのコズイレフスクの森林調査地では，火災後の森林の回復過程の研究も行

われている(図6)。

　ここでは，森林火災後約50年が経っているが，多くのグイマツの幼木が枯死しており，小さな木がまばらに見られるにすぎない。林齢50年であれば立派な森林が日本では成立する。カムチャツカ北方林ではギャップ更新ではなく林冠更新が起こっているので，森林火災後のこのような明るい空所では幼木が生育するのが非常に困難となり，森林の回復に長時間かかると考えられる。このように，カムチャツカ北方林は脆弱な森林であり，森林火災などで一度破壊されると，回復は非常に困難なものとなる。

　なぜ，カムチャツカも含めロシア北方林ではこのように森林火災が近年頻発しているのであろうか？　例えば森にきのこ狩りに行ったとき，タバコやウォッカの空瓶のポイ捨てなど，人為的なものが森林火災の原因の約8割を占めているといわれている(柿澤・山根，2003)。北方林は非常に乾燥しているので(コズイレフスク森林調査地では，年降水量は450 mm程度)，タバコのポイ捨てで簡単に出火してしまう。実際，調査地のキャンプで料理用に火を起こすのは大変簡単である。また，捨てられたウォッカの空瓶の底が虫眼鏡の凸レンズの役割をして，太陽の光で簡単に出火してしまうという話もある(カムチャツカの森林管理管からの聞き取り)。さらに，森林火災への対策費用の大幅削減も森林火災の頻発に拍車をかけている。ハバロフスクの例では，人員が1,600人(1988年)から420人(1998年)に，監視用飛行機が60機(1988年)から8機(1998年)に削減されている(柿澤・山根，2003)。また，森林の違法伐採も北方林の荒廃に拍車をかけており，違法伐採者のキャンプの火の不始末などが森林火災をさらに引き起こしているという話もある。ロシア極東からの木材の輸出量は年間約600万 m^{3}であるが，2000年ごろまではそのうちの約8割が日本へ輸出されていた(柿澤・山根，2003)。最近は，5割以上が中国へ輸出されている。森林管理局が策定する毎年の伐採許可量よりも税関を通過する木材量の方が多いので，ロシア極東からの輸出木材のなかには違法伐採の木材も多く含まれていると考えられる(柿澤・山根，2003)。

　第2，3節で述べたように，北方林の動態と気候変動の関係については，植物生態学，植物生理学，気象学などの問題として解明できる。しかしながら，その北方林を取り巻く環境問題は，以上のような自然科学だけでは解決

図6 カムチャツカ・コズイレフスクの森林火災後約50年のグイマツ林。多くの幼木が明るい空所で枯死しており(写真のなか，○で示されている)，森林の発達が非常に遅い。後ろに見えるのは，林齢約200年の火災を免れたグイマツ林。

は不可能である．これは，政治，経済，教育，そして人間の価値観，人生観や文化をも含めた非常に複雑な問題なのである．例えば，ロシア極東の森林荒廃を招いている違法伐採の問題には，日本の林業を取り巻く環境・状況の悪化も間接的に関係していると考えられる．北方林のみならずさまざまな場所での環境問題の解決のためには，以上のようないろいろな分野からの総合的な取り組みが必要となるであろうが，基本的には環境問題は我々人間一人ひとりの問題だということを認識しなければならない．

[引用・参考文献]

Hara, T., Watanabe, T., Yokozawa, M., Emori, S., Takata, K. and Sumida, A. 2001. A multi-layered integrated numerical model of surface physics-growing plants interaction, MINoSGI. In "Present and future of modeling global environmental change: toward integrated modeling" (eds. Matsuno, T. and Kida, H.), pp. 173-185. Terra Scientific Publishing Company, Tokyo, Japan.

Homma, K., Takahashi, K., Hara, T., Vetrova, V.P. and Florenzev, S. 2003. Regeneration processes of a boreal forest in Kamchatka with special reference to the contribution of sprouting to population maintenance. Plant Ecol., 166: 25-35.

柿澤宏昭・山根正伸(編著). 2003. ロシア　森林大国の内実. 237 pp. 日本林業調査会.

国連食糧農業機関(FAO)(編). 2002. 世界森林白書. 311 pp. FAO協会.

日本生態学会(編). 2004. 生態学入門. 273 pp. 東京化学同人.

林野庁(編). 2005. 森林・林業白書 平成16年度森林及び林業の動向に関する年次報告, p. 143.

Takahashi, K., Homma, K., Vetrova, V.P., Florenzev, S. and Hara, T. 2001. Stand structure and regeneration in a Kamchatka mixed boreal forest. J. Veg. Sci., 12: 627-634.

Toda, M., Yokozawa, M., Sumida, A., Watanabe, T. and Hara, T. 2007. Simulating the carbon balance of a temperate larch forest under various meteorological conditions. Carbon Balance Manag., 2: doi: 10.1186/1750-0680-2-6.

Watanabe, T., Yokozawa, M., Emori, S., Takata, K., Sumida, A. and Hara, T. 2004. Developing the multilayered integrated numerical model of surface physics-growing plants interaction, MINoSGI. Global Change Biol., 10: 963-982.

Yamaguchi, S., Naruse, R., Sugiyama, S., Matsumoto, T. and Muravyev, Y.D. 2003. Initial investigations of dynamics of the maritime Koryto glacier, Kamchatka, Russia. J. Glaciol., 49: 173-178.

森林などの二酸化炭素吸収源に関する温暖化対策

第4章

国立環境研究所/山形与志樹

　京都議定書において植林や森林管理などの炭素吸収源を拡大する活動が温暖化対策として認められ，陸域生態系の炭素吸収源機能に関する科学的評価に対する政策的なニーズが高まった。さらに現状における炭素吸収量の定量的な評価に加えて，中長期的な陸域炭素動態に関する統合的な評価を踏まえた森林などの二酸化炭素吸収源に対する温暖化対策の立案が重要な課題となっている。本章では，グローバルな炭素循環において陸域生態系が果たしている役割について概観するとともに，今後，中長期的に必要となる森林などの二酸化炭素吸収源に関する温暖化対策について論ずる。

1. グローバルな炭素循環と陸域炭素吸収源

　京都議定書が発効し，植林や森林管理などの炭素吸収源を人為的に拡大する活動が温暖化対策として世界各地で進みつつある。このため，陸域生態系の炭素吸収源機能を科学的評価する必要がある。また，現状における炭素吸収量の定量的な評価に加えて，さらに中長期的な陸域炭素動態に関する温暖化影響を含めた統合的な評価も大切である。特に，2050年までの温室効果ガス50％削減に向けた中長期的な温暖化対策に関連して，森林などの二酸化炭素吸収源に関する温暖化対策のあり方について，再検討がなされつつある。まず本章では，グローバルな炭素循環において，森林などの陸域生態系

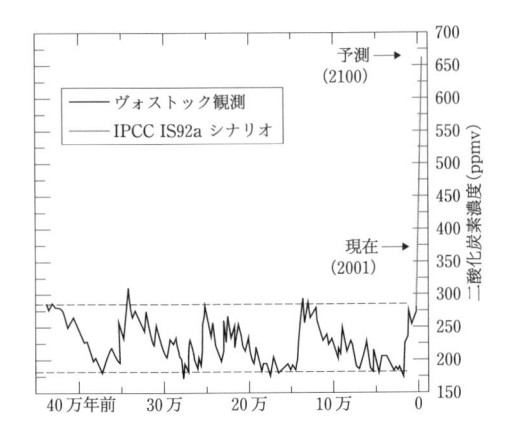

図1 過去40万年間における大気中二酸化炭素濃度の変遷(グローバル・カーボン・プロジェクト, 2007 より)

がどのような役割を果たしているのかを概観する。

　図1に，氷床コアサンプル(南極のボストックでのデータ)から推定された，過去40万年間における大気中の二酸化炭素濃度の変遷のようすを示す。この図から，この過去40万年間において約10万年ごとに繰り返してきた4回の氷河期と間氷期のサイクルの期間中も含めて，大気中の二酸化炭素濃度は，ずっと180〜280 ppm の間を自然変動してきたことがわかる。

　一方，図2にグローバルな炭素循環に若干なりとも影響を与えるような人為活動が開始された過去1万年前からの大気中の二酸化炭素濃度の増大を示す。この図から，人口が増大して農地が拡大したことによる森林減少や農業活動などにともなう二酸化炭素の排出によって，約5,000年前から緩やかな二酸化炭素濃度上昇が見られることがわかる。しかし，1800年ごろからの期間については，図中の拡大図が示す通り，18世紀に始まった石炭などの化石燃料を利用する産業革命による大規模な二酸化炭素排出によって，二酸化炭素濃度が 280 ppm を超えて上昇を始めたことがわかる。そして特に，1950年ぐらいからは，石油を利用した世界規模での産業発展があり，すでに 400 ppm 近くまで，指数関数的に大気中二酸化炭素濃度が上昇してきたことがわかる。

　さらに今後は，途上国における急速な経済発展などにともなう石油・石炭

第4章　森林などの二酸化炭素吸収源に関する温暖化対策　53

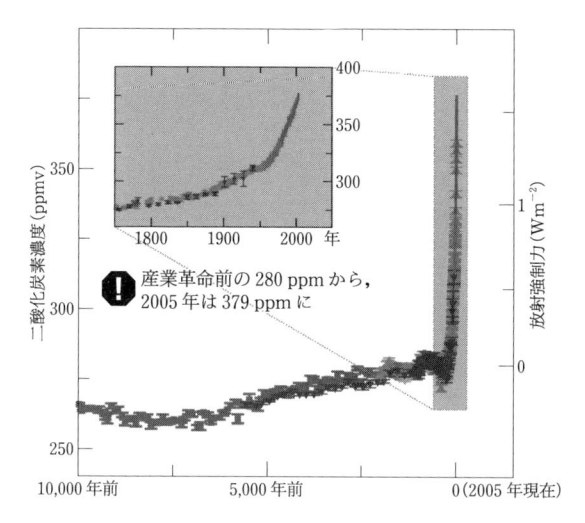

図2　過去1万年間における大気中二酸化炭素濃度の変化（IPCC, 2007より）

を合わせた化石燃料の燃焼による大規模な二酸化炭素排出が予想され，今後の温暖化対策の進展をおりこんだとしても，大気中の二酸化炭素濃度は今世紀中に500〜700 ppmにまで到達し，対策が実施されない場合には，さらに上昇を続ける可能性が指摘されている。この結果，2007年に出版されたIPCCの第4次評価報告書によれば，今世紀中(2100年まで)に予想される地球全体の平均気温の上昇は最大で6.4°Cであり，深刻な影響を人間社会に及ぼすことが危惧される。また，温暖化の進行にともなう森林などの陸域生態系の変動が予想され，炭素循環自体が影響を受けてさらに温暖化を加速するリスクが指摘されている。このため，中長期的な森林などの二酸化炭素吸収源に関する対策の検討が重要となっている。

図3に，1990年代のグローバルな炭素循環における，海洋，陸域，大気などの各構成要素間での二酸化炭素のフロー(吸収・排出)とストック(蓄積)との関係を示す。地球に埋蔵されている化石燃料(石油や石炭)は約4,100 GtC (GtC：10億トン炭素)であり，ここから毎年約6.3 GtCの二酸化炭素が，化石燃料の燃焼などの人為的な活動によって排出されている。一方，海洋と大気との間の二酸化炭素フローは非常に大きく，年間約90 GtCものフローがある。また，陸域の植物および土壌における生態系についても，大気との間で

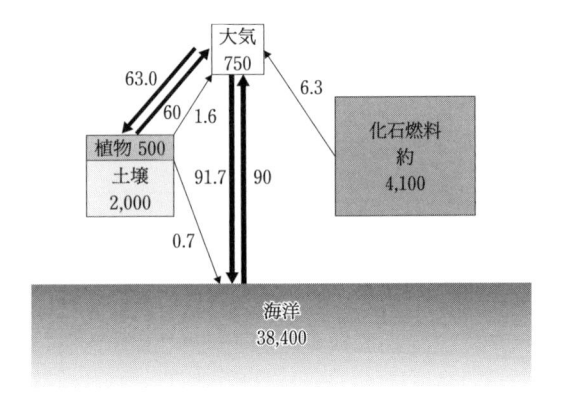

```
        大気
        750
  63.0  ↑↓  ↑  6.3
     60 1.6  |      化石燃料
  植物 500       約
  土壌   91.7 90   4,100
  2,000
        0.7
        海洋
       38,400
```

図3　1990年代のグローバル炭素循環(IPCC, 2007より改変)。単位：GtC

表1　グローバル炭素収支の内訳

+6.3 GtC	化石燃料からの排出
+1.6 GtC	森林減少による排出
−1.7 GtC	海洋による吸収
−3.0 GtC	陸域による吸収
3.2 GtC	大気への蓄積増加

約60 GtCものフローがある。ここで，海洋・陸域ともに，大気とのフローのなかでは，吸収量の方が排出量よりも多いことから，現状では海洋・陸域ともに二酸化炭素吸収源として機能している。

　これらの炭素循環における二酸化炭素フローの値から，1990年代における人為活動にともなうグローバルな年間の炭素収支の内訳は表1のようにまとめることができる。化石燃料の燃焼などによる人為的な排出が6.3 GtC，熱帯林の森林減少などによる人為的な排出が1.6 GtC，これらを合計して，人為的な二酸化炭素の排出は年間7.9 GtCになる。しかし，この人為的に排出された二酸化炭素のすべてが大気中に蓄積されるのではなく，海洋によって1.7 GtC，陸域によって3.0 GtCが吸収され，残りの3.2 GtCが，毎年大気中に蓄積されている。このため，もし海洋および陸域の吸収がなければ，大気中の二酸化炭素濃度の上昇は2倍以上となってしまい，20世紀中

の温暖化の進行はもっと大きなものとなっていたであろう。IPCC の第 4 次評価報告書によれば，これまでに 0.74℃の世界の平均気温の上昇が観測されているが，もし森林などの吸収源がなければ，すでに 1.5℃近い上昇となり，深刻な温暖化の影響が発生していたことも考えられる。温暖化は，陸域・海洋における二酸化炭素吸収によって大幅に緩和されてきたということができる。

それでは，陸域における二酸化炭素吸収はどのようにして構成されているのであろうか。グローバルな陸域生態系における詳細な炭素収支の内訳を図4に示す。この図から，グローバルな陸域生態系の光合成活動によって，年当たり約 120 GtC もの二酸化炭素が吸収されていることがわかる。この二酸化炭素の吸収量は，人為的な排出量の 20 倍に近い規模に相当している。しかし，この二酸化炭素吸収量のうちの約半分は，すぐに植物の呼吸により排出されてしまう。この光合成から呼吸量を差し引いた値は純 1 次生産 (net primary productivity) と呼ばれ，だいたい世界の森林における炭素ストックの増大量に相当しているが，これは年間で約 60 GtC の二酸化炭素吸収量である。

そして，森林の落葉や枯枝などのリッター (litter：落葉落枝) が微生物により分解される土壌呼吸によって，年間で約 50 GtC の二酸化炭素が排出され

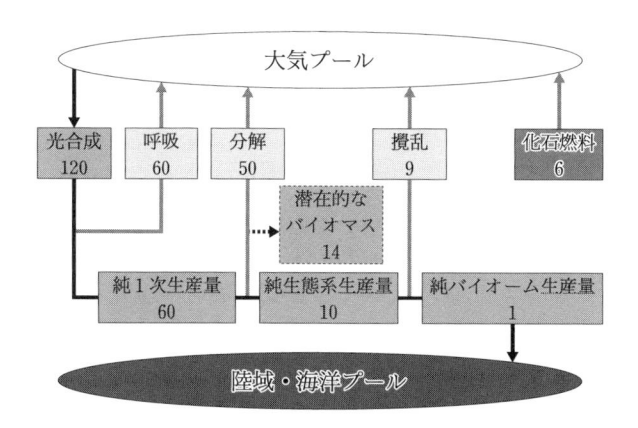

図 4　グローバル炭素循環における吸収源活動のポテンシャル (IPCC, 2007 より改変)。単位：GtC/yr

ている.この純1次生産量から土壌呼吸による二酸化炭素排出量を差し引いた年間にして約 10 GtC の炭素ストックの増大は,純生態系生産量(net ecosystem productivity)と呼ばれ,森林生態系の全体に吸収される二酸化炭素の量に相当している.ちなみに,日本を含む東アジアにおける純生態系生産量(二酸化炭素吸収量)は 2000〜2005 年の間で約 60 MtC であり,同地域における化石燃料による二酸化炭素排出量の約 11% と推定された(Yamagata, 2006).

さらに,人間による伐採や,自然あるいは人為による森林火災などの攪乱(disturbance)にともなって二酸化炭素が排出される.この値は年次ごとでかなり変動するため,年間の平均的な値で評価することは簡単ではないものの,仮に 9 GtC 程度の二酸化炭素が排出された場合には,最終的に陸域で吸収される二酸化炭素は年間にして 1 GtC 程度になってしまう.

また,エルニーニョなどの自然的な年々の気象条件の変化によって,光合成,土壌呼吸,森林火災などの値はかなり変動する.人為的な二酸化炭素排出と,自然要因による海洋・陸域の二酸化炭素吸収が,過去 150 年間にどのように年次変動してきたかについて,炭素収支の内訳を図化したグラフを図5 に示す.この図から,陸域における二酸化炭素吸収量が,自然要因の変動で 0〜20% 程度変化していることがわかる.これにともない人為的に排出された二酸化炭素の大気への蓄積量も,かなり大きく年次変動している.

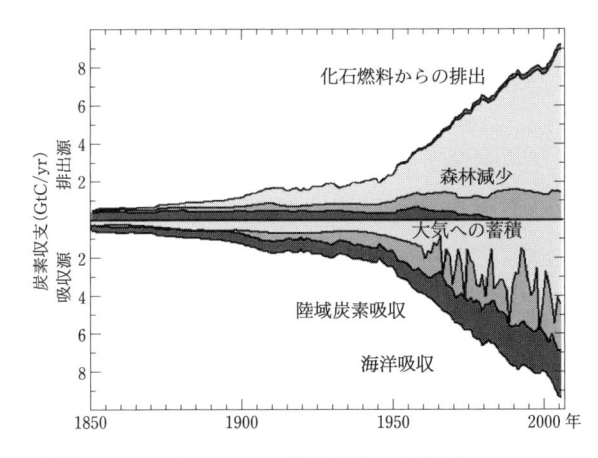

図5 過去 150 年間におけるグローバルな炭素収支の変動(グローバル・カーボン・プロジェクト,2007 より: Le Quéré, unpublished, Canadell et al., 2007, PNAS)

陸域における二酸化炭素吸収には各種要因が考えられているが，各要因についての定量的な評価には，まだ研究的段階にあり，不確実性も残されている。現時点では，陸域二酸化炭素吸収には下記の因子が大きく影響を与えていることが知られている。

①気温上昇による植物生長
②二酸化炭素の施肥効果(肥料として二酸化炭素が作用することによる植物生長の促進)
③土地利用変化
④気温上昇による土壌呼吸量の増加
⑤窒素施肥効果による植物生長の促進
⑥森林火災の発生

　このため，これらをすべて足し合わせた陸域における炭素動態の解明が政策的にも科学的にも重要な課題となっている(Canadell et al., 2007)。

　特に，これからの100年間については，グローバルな陸域生態系における二酸化炭素吸収源機能が，温暖化の影響によっても変動することが予想されている。陸域生態系は，少なくとも現時点においては，グローバルな炭素吸収源として機能し，人為的に排出された二酸化炭素の約30%を吸収しているものの，気候モデルと陸域生態系モデルをカップリングした最新の研究によると，早ければ今世紀の中ごろには，陸域における二酸化炭素吸収は飽和して減少に転じ，さらに地球温暖化の影響が顕著となる時期には，陸域における二酸化炭素吸収が消滅する可能性も指摘され始めている。もちろん，植林された森林の成長が止まってしまうわけではなく，地上部における炭素吸収は続くものの，土壌からの排出や森林火災が増大し，陸域生態系全体としてみると，温暖化が顕在化する世界においては二酸化炭素吸収源としての機能を期待することができない事態も想定されるのである。

　このような不確実性を考慮すると，京都議定書で注目を集めた森林の炭素吸収源機能を活用した温暖化対策に加えて，今後，陸域における二酸化炭素吸収源機能が中長期的にどのように変動するかという影響面も含めて検討する必要がある。すなわち植林や森林管理などの京都議定書で認められた温暖化対策だけではなく，新たに，温暖化の緩和対策としての森林の保全や，温

暖化に対する適応策としての森林管理についての検討も重要になってくる。

2. 森林などの二酸化炭素吸収源を用いた温暖化対策について

　森林などの二酸化炭素吸収源を用いた温暖化対策として，具体的にはどのような活動が可能であろうか。京都議定書においては，植林(forestation)と森林管理(forest management)が温暖化対策として認められている。過去に森林減少した土地に，もう一度植林を実施することや，既存の森林において，森林管理を実施して吸収源機能を拡大することなどが，京都議定書の3条3項，および3条4項において認められている。しかし，森林管理によって拡大できる吸収分は限られており，また中長期的には管理された森林における吸収量も頭打ちとなってしまう。そのため，より広範囲の森林生態系の吸収を拡大する，あるいは排出を削減する温暖化対策の検討が重要である。以下，森林などの二酸化炭素吸収源を用いたさまざまな温暖化対策の可能性や問題点について論じる。

植林による温暖化対策効果
　企業が排出する温室効果ガスを植林事業などにより相殺し，温室効果ガスの排出をゼロにする考え方を示す「カーボン・ニュートラル」が進展しつつある。しかし，植林された木は，いつかは伐採されるか枯れる。それでも植林が温暖化対策になる理由をどのように考えればよいだろうか。この効果について考える鍵は，植林地において植林活動の前後でどのように状態が変化するかを比較することにある。図6は，放棄された農地などの荒地に対して植林を実施した場合について，樹木の成長や伐採にともなう森林生態系(植林地の地上部と，根や土壌中を含む地下部全体)における炭素の蓄積の変化のようすを，模式的にあらわしている。

　森林生態系は，樹木の成長にともない二酸化炭素を吸収するが，一方，枯れ葉，枯れ枝，枯死木のすべてが，すぐに分解されて大気中に二酸化炭素として還るわけではなく，炭素を含んだ土壌有機物として土壌に蓄積し，少しずつ分解して二酸化炭素を放出してゆく。図中の矢印は，植生と土壌に蓄積

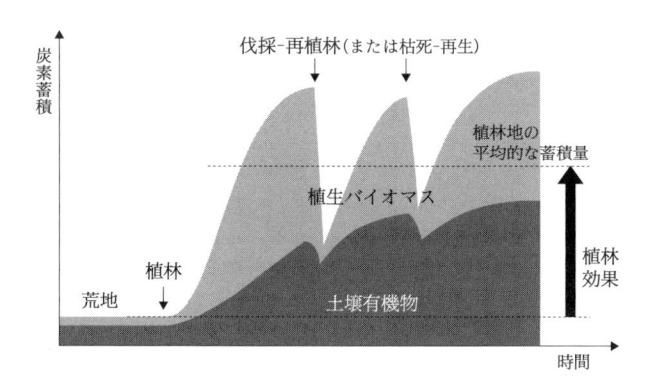

図6 植林の実施前後における炭素蓄積量の変化

される炭素が，植林と伐採（あるいは枯死）のサイクルのなかで，長期的にどう変化するかを示している。森林の成長速度は気候によって異なるが，この図では模式的に，数十から数百年間に発生する変化を示している。確かに伐採によって，森林における炭素の蓄積量は一時的に減少するものの，土壌中に蓄えられた炭素は着実に増え続けることがわかる。すなわち，植林後の森林では，伐採と再生のサイクルのなかで，全体の炭素の蓄積が徐々に増大してゆく。実際，世界平均では，森林土壌中には植生中の炭素量の4倍もの炭素蓄積がある。

さらに森林が成熟すると，最終的には木の成長分と土壌における有機物の分解が平衡状態になり，森林生態系としての炭素蓄積の増大はストップする。しかし，植林後の長期的な炭素ストックの平均値に着目すると，植林前の土地にあった炭素の蓄積量と比べて増大している。すなわち，植林による温暖化対策の効果は，短い間で増えたり減ったりする炭素量ではなく，長期的にみたときに森林全体に蓄えられる炭素蓄積の平均値を増大させる効果で評価する必要がある。

バイオマス利用による温暖化対策効果

また，伐採された木から二酸化炭素がすぐに排出されるわけではない。伐採された木は，材木として住宅や家具に利用されれば，長い間にわたって炭素を保持し続ける。さらに，伐採や製材時の残材や廃材がバイオマスエネル

ギーとして燃料に利用されれば，石油などの化石燃料を代替することで，石油などから排出される二酸化炭素の排出の削減につながり，温暖化対策に直接的に貢献することが可能になる。バイオマスの燃焼で排出される二酸化炭素は，もともと大気から森林に吸収された二酸化炭素であり，バイオマスエネルギーの利用はカーボン・ニュートラルとなる。さらに，伐採後に森林を再生することで，排出された二酸化炭素を再び吸収することになるから，植林とバイオマス利用のサイクルによる二酸化炭素排出削減効果は無制限に持続することが可能となる。

京都議定書で認められた温暖化対策としての植林事業

植林活動が可能な土地は，特に途上国において，過去の森林破壊によって放置されている荒地である。このような土地に温暖化対策として植林活動を実施することが，京都議定書において，クリーン開発メカニズム(CDM)という途上国における温暖化対策して認められた。植林は温暖化対策として有効なだけではなく，荒廃した環境を回復し，生物多様性や水の保全，さらには持続可能な発展に貢献することができる。これらの副次的な便益も考えると，植林は途上国でも有効な温暖化対策と考えられる。しかし，植林対策により国連からCDMとしての認証を得るためには，植林にともなう追加的な炭素吸収量の算定手法を含めて，詳細な計画書を準備する必要がある。

グローバルな森林減少による二酸化炭素排出

世界的な森林減少の傾向は，残念ながら現在も継続している。図7は，過去150年間における世界の森林減少にともなう二酸化炭素排出の変遷を地域(国)別に示している。この図から，近年は特に熱帯アジア域における森林減少が大きく，南米やアフリカの熱帯地域とあわせて，グローバルな二酸化炭素排出源となっていることがわかる。実際，世界最大の森林減少国であるブラジルでは年7億トン(トンCO_2)程度の二酸化炭素排出が続いている。一方，アメリカ合衆国における森林減少には20世紀の初めには歯止めがかかり，森林の過剰伐採が原因とされる洪水が頻発して問題となった中国では，今世紀になって森林減少が止まった。

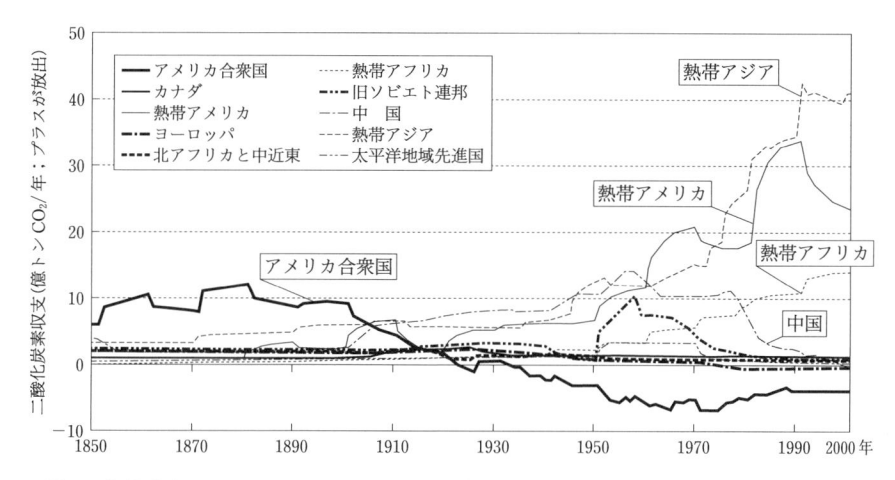

図7 森林減少にともなう地域(国)別二酸化炭素排出量の変化(CDIACのホームページデータをもとに作成)

　森林減少にともなって排出される二酸化炭素は，森林が主に農地などに転換された際に，バイオマスとして蓄積していた森林中の炭素(土壌中の炭素を含む)が二酸化炭素の形で大気中に放出されたものである．これは森林減少後，樹木や枝・葉などのほとんどが数年内に分解するためで，その規模はグローバルに約年60億トン(トンCO_2)と推定され，推定の不確実は大きいものの，世界における化石燃料の燃焼などによる二酸化炭素排出量(年260億トン)の約1/5を越えている．森林減少の主な原因としては，(違法)伐採，焼畑，森林火災，農地転換，都市化などが挙げられ，世界的に人口増加・経済発展が進んで途上国においても開発が進む現在，森林減少のリスクはますます増大している．

植林と森林減少との比較

　京都議定書では，数値目標をもっている先進国における植林活動が国内温暖化対策として，途上国における植林活動がCDMとして，それぞれ認められた．荒地などに植林をして森林を回復することにより，光合成によって二酸化炭素を固定し，樹木や土壌中に炭素を蓄積することが可能である．数値目標をもった先進国(企業など)が資金を出して途上国で実施するCDM植林

活動が，温暖化対策として認証され，二酸化炭素吸収分の炭素クレジットが発行される。しかしCDM植林で認められた温暖化対策には上限(投資国排出量1%)や有効期限(30年)などの制約もあり，今のところ実施されている植林プロジェクトは限られており，実際，砂漠周辺などのもともと森林のなかった土地に大規模な新規植林を実施して定着させることは容易ではなく，人口が増大して農地が不足している途上国では，植林用に大規模な土地を確保することも簡単ではない。また，同じ面積の森林減少と植林とを比較すると，森林減少では過去に蓄積してきた炭素が短期間に排出されるのに対して，植林では樹木の生長に時間がかかるため，森林減少で排出された量に相当する二酸化炭素を再吸収するためには数十年の時間がかかることになる。

これらの理由により，現状では植林対策による二酸化炭素吸収量よりも森林減少による二酸化炭素排出量の方がグローバルにはずっと大きい。しかし，すぐに対策効果があらわれないからといって，植林が重要でないわけではない。荒地に森林を回復することで，水，土壌，生物多様性，アメニティー(快適性)などの環境機能を向上させることができる。森林が急減しているなか，持続可能な森林管理の実現はグローバルな課題であり，今後も長期的視点から植林対策に積極的に取り組んでゆく必要があることはいうまでもない。

森林減少の防止による対策

森林減少にともなう大規模な二酸化炭素排出を削減するためにも，一度失われてしまえば回復不可能な熱帯林の生物多様性を保全する視点からも，森林減少を防止する対策がより喫緊の国際的課題となっているが，残念ながら森林減少の防止はCDMとしては認められなかった。そのため，現時点では途上国が温暖化対策として森林減少の防止に取り組むメカニズム(資金の調達手段)がない。しかし，途上国における森林減少の防止による温暖化対策が中長期的な温暖化対策の重要な課題である。

中長期的な温暖化対策としては，世界全体の温室効果ガスの排出量を2050年までに現状比50%削減する必要性について2008年に行われたG8などで合意された。この50%削減に必要な対策の内訳に関する検討はまだ十分にはなされていないが，化石燃料の利用による二酸化炭素総排出量の約2

割に相当する森林減少からの排出削減も重要な課題である．実際，森林減少を防止する対策をしない場合には，ブラジルだけでも現存する森林の40％以上が減少して1,200億トンもの二酸化炭素が排出されると予想されている．

　もし今後，森林減少の防止が温暖化対策として認められれば，この対策による二酸化炭素排出削減分が，炭素クレジット(価格)として経済価値をもつ可能性がある．最新のIPCCの第4次評価報告書では，この炭素価格として，二酸化炭素の1トン当たり1万2,000円に評価される場合には，この資金を用いて2030年までに，世界累計で年13〜42億トン(トンCO_2)，平均で年27億トン程度，また二酸化炭素の1トン当たり2,400円の場合でも，その約半分に相当する年16億トン(トンCO_2)程度の森林関係の排出削減対策(植林と森林減少防止対策の比率は約3：7)が可能であると評価されている．

　ところで，化石燃料からの排出削減と森林減少の間には複雑な相互関係がある．例えば，バイオ燃料の導入が温暖化対策のひとつとして検討さているが，さとうきびなどのエネルギー作物に対する需要の急速な増大は，ブラジルなどのバイオ燃料輸出国における森林減少を加速することが懸念される．長期的な温暖化対策については，森林減少の防止とセットで検討することが重要である．

3. 今後の二酸化炭素吸収源を用いた温暖化対策に関する国際的な論点

　中長期的な森林などの二酸化炭素吸収源を用いた温暖化対策に関する国際制度の設計が，地球温暖化の緩和と適応が関わるグローバルな森林について考えるうえできわめて重要な課題となっている(Shlamadinger et al., 2007)．京都議定書の第1約束期間(2008〜2012年)に関する吸収源の取り扱いをめぐっては，植林，森林管理などの京都議定書に記述された吸収源活動をカウントするためのルールがあいまいなままに，国別の数値目標が京都会議(COP3)で合意されたために，議定書が確定した以降も，実質的な吸収源の取り扱いに関する交渉がマラケシュ合意(COP7)まで継続した．このため，実質的な吸収源の取り扱いに関するルールの交渉をめぐって政治的な対立(アメリカ合

衆国とヨーロッパの森林管理クレジット上限値の設定)が生じ，COP6における交渉決裂の一因となるという事態まで招いた。

　この反省に基づいて，中長期的な温暖化対策における吸収源対策のルール策定に当たっては，まずは吸収源を科学的にカウントするルールを決めてから，国別の目標設定を交渉することが必要であり，すでに科学者側からも政策的な論点に関する検討が進みつつある(IPCC, 2001)。特に，今後重要となる論点のひとつとしては，植林後の数十年間の森林再生時における二酸化炭素吸収が，森林が成熟するに従って飽和・減衰する問題である。また，森林に一度吸収された二酸化炭素が火災などにより再度排出されてしまうリスクを，自然的な要因によって排出された二酸化炭素に対する責任も含めてどうカウントするのか，さらには，森林管理活動によって吸収が増える量のうち，人為的かつ追加的に拡大された二酸化炭素吸収量を，自然的に吸収された吸収量からいかに分離(factor out)するのかなど，科学的にも政策的にも難しい課題の検討が引き続き宿題となっている(Canadell et al., 2007)。

　また，京都議定書でカウントされることとなった森林における二酸化炭素吸収量については，やがて飽和する吸収量を維持するためにも，森林管理にともなうバイオマスをエネルギーとして利用し，石油代替効果による二酸化炭素排出削減を進めることが重要と考えられる。特に人工林については，木材とバイオマス利用による持続可能な森林経営をさらに促進することが重要である。このためには，伐採木材の住宅や家具などとしての長期的利用を促進し，生態系と社会全体における炭素ストックの維持と拡大を図るなどの政策が考えられる。森林における温暖化対策を，他のセクター(エネルギーや農林業)における温暖化対策との連関においてとらえる視点から，自然と社会を統合したトータルなシステムとして温暖化対策効果を評価し，長期的に持続可能なシステムの構築に温暖化対策を結びつけなければならない。

　森林などの二酸化炭素吸収源に関連する温暖化対策には，気候変動以外のベネフィット(副次的便益)が存在している。すなわち，砂漠化を食い止める，土壌劣化を食い止める，生物多様性の喪失を食い止める，食の安全性を向上させる，気候変動に対する適応策を支援する，水の供給を増やす，農業生産性・森林生産性を発展させる，発展途上国については貧困を緩和するといっ

た，途上国にとっても優先度の高い政策への貢献が可能となる。森林における二酸化炭素吸収源に関する温暖化対策の実施によって，どれだけ多くの環境便益を生み出すことができるかが，特に途上国における温暖化対策の実施に当たっては成功の鍵を握っているといえるであろう。

[引用・参考文献]

Canadell, J., Kirschbaum, M., Kurz, W., Sanz, M., Schlamadinger, B. and Yamagata, Y. 2007. Factoring out natural and indirect human effects onterrestrial carbon sources and sinks. Environmental Science and Policy, 10: 370-384.

CDIAC. http://cdiac.ornl.gov

グローバル・カーボン・プロジェクト(GCP). 2007. http://www.globalcarbonproject.org/

IPCC. 2001.「土地利用，土地利用変化および林業」特別報告書.

IPCC. 2007. Climate change 2007: the physical science basis. Contribution of working group I to the fourth assessment report of the intergovernmental panel on climate change (eds. Solomon, S.D., Qin, D., Manning, M., Chen, Z., Marquis, M., Averyt, K. B., Tignor, M. and Miller, H.L.). 996 pp. Cambridge University Press.

Schlamadinger, B., Yamagata, Y. et al. 2007. A synopsis of land use, land-use change and (LULUCF) under the Kyoto Protocol and Marrakech. Environmental Science and Policy, 10: 271-282.

STOP THE 温暖化. 2008. 環境省・国立環境研究所.

Yamagata, Y. 2006. Terrestrial carbon budget and ecosystem modelling in Asia. Global Change Newsletter, IGBP, 67: 6-7.

低炭素社会の環境経済学

第5章

北海道大学公共政策大学院/吉田文和

1. 温暖化は避けられない時代となった

21世紀に入り世界と日本は大きな構造変化に直面し，従来型の右肩上がり高度経済成長を続けることによるさまざまな弊害があらわれている。中国とインドをはじめ，アジアが「世界の工場」となることによって，所得の増加と貧困からの脱出が試みられる一方で，開発による環境破壊，生物多様性の劣化，地球温暖化など，「持続可能な発展」を脅かす問題群が深刻となっている。それに対して，日本は高度経済成長の終焉にともなう成熟化社会への移行に際して，財政危機と少子高齢化などの諸課題に対し，日本自体の持続可能な社会のための「構造改革」に直面している。

G8サミットが，なかでも地球温暖化問題を最大のテーマとするにいたった背景には以上のような事態がある。今問われているのは，産業革命以来の石炭・石油などの化石燃料依存による，大量生産・大量消費・大量廃棄の地球文明のこのあり方である。これに対して，2050年に二酸化炭素半減を目指す低炭素社会づくりが，2007年のハイリゲンダム・サミットで提案され，2008年の北海道洞爺湖サミットでもさらなる具体化が課題となった。

そこで本章では地球温暖化問題の経済学的な側面と政策的な側面について検討する。温暖化問題については，まだ科学的に決着がついたわけではないけれども，IPCC(気候変動に関する政府間パネル)が，自然科学的根拠や対応策

に関する膨大な第4次の評価報告書を作成し、人為起源の温室効果ガスの増加が温暖化の原因だと、90%の確率で断定した。この問題の性格をどうみるかといえば、資源の枯渇の問題よりも先に、環境的な制約の方が問題になって、やはりそれを解決しなければいけないということが、人類に大きく投げかけられた。つまり温暖化は避けられない時代となり、したがって今や、温暖化の緩和策と適応策を真剣に考えなければならない。

環境に対する責任は、時間的な責任と地理的責任があるが、地球温暖化に対する特に先進資本主義国の歴史的責任は大きい。化石燃料の使用に関して、産業革命以降、先進国、西ヨーロッパ諸国、アメリカ合衆国、さらに戦後はアジア、日本も含めて石油の消費量の非常に大きな増加があった。それに対して、気候変動による直接の被害が、自然災害が起こりやすい地域、低地沿岸などの特に脆弱な途上国に及ぶということが指摘されている。

具体的にみてみよう（図1参照）。アメリカ合衆国を筆頭とした先進資本主義国の、第2次世界大戦後における化石燃料の大量消費は非常に著しく、日本をとってみても、戦後二酸化炭素の排出量は、絶対量でみて約5倍になっている。公害問題であれば被害者と加害者がはっきりしているが、環境問題では被害者と加害者がはっきりしないという議論がある。しかし一部そういう側面があるにせよ、やはり温暖化の場合でも、主に原因をつくっている国は先進資本主義国であり、被害を一番受けるのが途上国であるという非対称性がある。

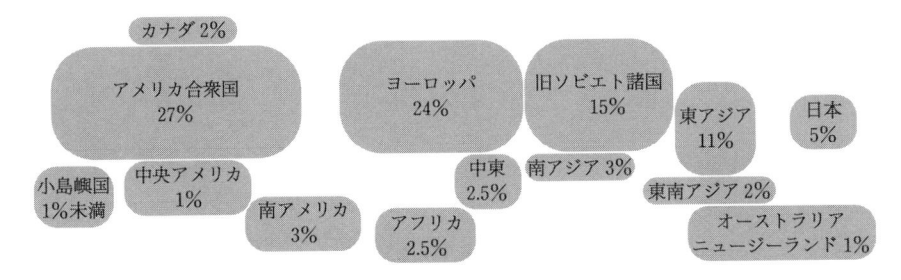

図1 1950〜2000年の間に二酸化炭素を出してきた地域（Dow and Downing, 2006をもとに作成）。過去にさかのぼると、より先進国の排出量が大きいことがわかる。

2. 地球環境問題が提起する課題

次に，原理的な問題として，先ほど述べた資源制約よりも環境制約が先にきているという問題と同時に，地球環境問題が提起する公正，フェアネスということについての，新しい問題提起があると考えなければならない。今格差社会という問題についてさまざまな議論や研究も行われているが，経済的公正という面で格差をなくしていくという場合，通常は個人の消費や所得をできるだけ平等にしていくという議論になる。同様に，温室効果ガスの場合に，仮に1人当たりの温室効果ガスの排出量を全世界で平等にするという原則が立てられたとすると，先進国側は多大な削減努力が必要である。いわば廃棄とか排出などの環境負荷の平等ということになり，個人の平等というのはいったい何なのかということを，今までと違った面から考えなければいけないということになる。これはたんに経済学だけではなく，社会科学，人文科学，哲学，そういうところで原理的な検討も含めて対応しなければならず，非常に難しい問題である。そもそも個人の平等とは何か，なぜ平等がいいのか，あるいは悪平等の問題をどうするかと同時に，何を平等の指標にするかということの検討を，新しい視点からしなければならない。

この問題を具体的な数値でみてみよう(図2参照)。国別の1人当たりの排出量は，アメリカ合衆国がトップで，日本人と比べても，アメリカ人は2倍出している。アメリカ合衆国では皆自動車を使う。貧乏人も自動車使わざるを得ない。日本は，中国が最近急増しているが，その中国と比べても3倍である。インドはやはり，日本と比べても1人当たり10倍ぐらいの差がある。

各国別排出割合は，アメリカ合衆国が今現在21%程度で，中国は19%程度だが(2005年)，最近報道されたオランダの研究所のデータでは，ついに中国が総排出量でアメリカ合衆国を超えたということである。中国の急増が著しいということは間違いない。日本は一応4.5%になっている。この4.5%という数字はどの程度かとみると，アフリカ全体でも4%弱で，南米全体でも4%ぐらいなので，日本1国でそのぐらいの量を出しているという自覚が，やはり必要である。

国別排出量(2005年)

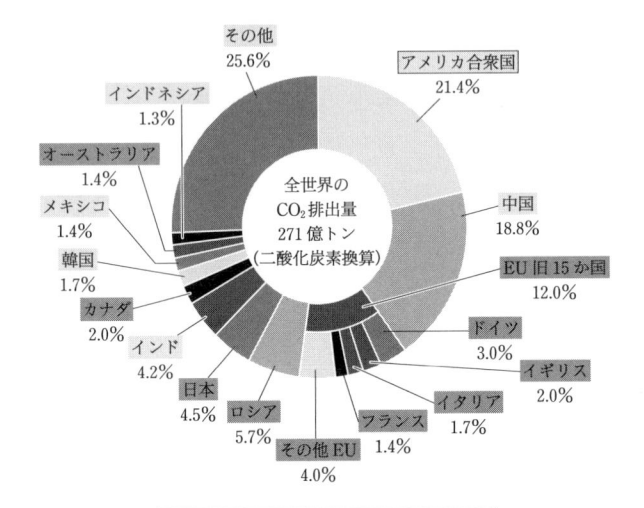

- その他 25.6%
- インドネシア 1.3%
- オーストラリア 1.4%
- メキシコ 1.4%
- 韓国 1.7%
- カナダ 2.0%
- インド 4.2%
- 日本 4.5%
- ロシア 5.7%
- その他EU 4.0%
- フランス 1.4%
- イタリア 1.7%
- イギリス 2.0%
- ドイツ 3.0%
- EU旧15か国 12.0%
- 中国 18.8%
- アメリカ合衆国 21.4%

全世界のCO_2排出量 271億トン(二酸化炭素換算)

国別1人当たり排出量(2005年)

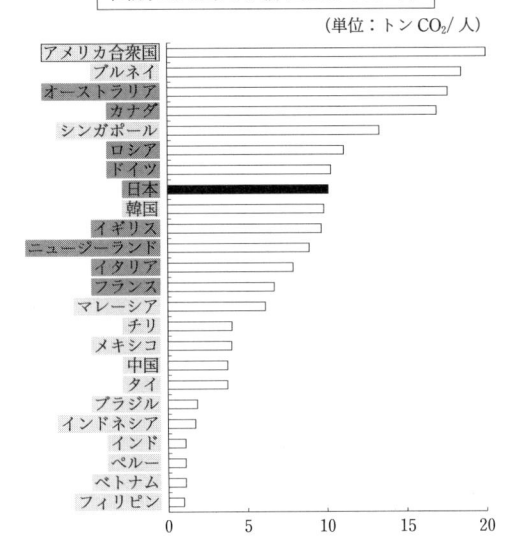

(単位:トンCO_2/人)

アメリカ合衆国、ブルネイ、オーストラリア、カナダ、シンガポール、ロシア、ドイツ、日本、韓国、イギリス、ニュージーランド、イタリア、フランス、マレーシア、チリ、メキシコ、中国、タイ、ブラジル、インドネシア、インド、ペルー、ベトナム、フィリピン

主な排出国の京都議定書に基づく2008～2012年の約束期間における温室効果ガスの削減義務について　削減義務なし　削減義務あり　(注:京都議定書を批准していない国は□で示した。)

図2 二酸化炭素の国別排出量と国別1人当たり排出量(日本エネルギー経済研究所, 2007より環境省作成)

3. 京都議定書と排出削減が進まない最大の問題

　京都議定書が1997年に結ばれて，京都メカニズムができた。京都議定書は，気候変動枠組条約に基づいている。先進国・途上国が「共通だが差異のある責任」に基づいて，先進工業国と旧社会主義国に削減義務を負わせたうえで，柔軟性(フレキシブル)メカニズム措置として，クリーン開発メカニズム(CDM)，それから共同実施，排出量取引の導入を認めた。経済学でいうところの，環境政策の経済的手段，直接規制に対する間接的手段を取り入れたのである。このメカニズムは，1トン当たりの二酸化炭素を減らすためにいくらお金がかかるかという限界削減費用，つまり貨幣と価値の問題を軸に考えられている。しかし1人当たりの二酸化炭素の排出の格差という問題が，一方で残っている。ただ，世のなかにあるお金は限られているので，それをできるだけ効果的に使うためには，排出削減のために一番費用が安い所で減らすのがいい。その安い所というのは，つまり途上国である。あるいは省エネがなかなか進んでいない所であるということになる。

　京都議定書の日本の削減目標は2010年(2008～2012年)までに90年比で6%である。しかし実際にはその後排出量が増えて，現在では13%程度減らさなければ京都議定書の目標を達成できない。その京都議定書のもともとの目標も，森林吸収源が6%のうち3.8%など，京都メカニズムが一部入ったものである。いずれにしても，当初の計画はいろいろあったが，ほとんど減ってないというところが，非常に問題である。

　さて，限界削減費用というのはいったいいくらかかるか。1トン減らすのに，日本ではいくらかかるかという研究がやっと始まったばかりである。京都大学経済研究所(2007)が行った調査で，大手企業2,400社にアンケートを採ると，費用をかけている企業でも，1トン当たり2,200円である。一般的にはそれ以下で，場合によってはマイナスになる所もかなりある。マイナスということは，省エネによって逆に効果がある，プラスの利益がある企業がかなり出ているということである(一方井，2008)。

　私のみるところ，日本で排出削減が進んでいない最大の問題は，総排出量

削減のための主要発生源，それから各社ごとの削減数値目標が明確にされないことである。この点は，EUとの違いではっきりしている。自主目標はあるが，これは絶対量ではなくて，単位当たりの削減になっている。もうひとつは環境税や排出量取引などなどの，二酸化炭素を減らすための具体的仕組みが国内で確立されていないということである。個別目標と具体的手段がなければ，全体の目標が達成されないのは当然である。

先ほどの京都大学経済研究所の調査は，2006年と2007年に報告されているが，2005年度に目標値をもっていた企業というのは，回答した企業のうちの約2割にすぎない。限界削減費用を把握している企業は，回答企業のわずか4.5％であった。1年後の調査でも，目標をもっているのが58％で，限界削減費用を一応把握しているというのは25％にすぎない。これは大手企業で，この数値をみればわかるように，現在の日本の企業にとっては，温室効果ガスの削減が，現段階ではほとんど制約条件になっていないということが明らかである。

4. 部門別課題と方法の検討が必要

そこで部門別課題と検討の方法が必要になる。日本はいわゆる産業部門，大きくいうとエネルギーを生産している電力会社と，それから大きくエネルギーを使っている鉄鋼産業や石油精製部門と化学部門で，二酸化炭素排出量の約半分である。また最近，交通と家庭・事務所が非常に増えている。交通分野が，2割から3割になっている。したがって産業界で省エネを進めるというだけでは，もう済まないことも，また明らかである。他方で，企業の省エネはまだ十分進んでいない。乾いた雑巾を，もうこれ以上絞れないという状態には，まだ必ずしもなっていない。1トン減らすための費用の把握ができてない企業が大部分だということであれば，やはりまだまだ検討の余地はあると思う。ただ，そのあり方については，審議会だけではなくいろいろなレベルで，もっと国民的な議論をする必要がある。特に再生可能なエネルギーの問題については，例えば北海道には風力発電所がいくつかあるけれども，いろいろ技術的な理由などもあってそれほど比率は高くないし，世界的

にもかつては日本が太陽光パネルからの電気の量が一番多かったが，今ではドイツに抜かれてしまった。それから，原子力発電の問題がある。北海道の場合，現在原子力発電機が2基あって，これが3基になる。北海道電力は，二酸化炭素を減らすために原子力を利用する方針である。ドイツなどでも，結局二酸化炭素を減らすためには，再生可能エネルギーだけでは足りず，原子力をなかなか減らせないということで，原子力をどう位置付けて再検討するかということが避けられなくなるだろうといわれている。交通分野については，自動車の省エネを進めると同時に，何といっても公共交通体系の整備を行わなければならない。それから北海道の場合，重油や灯油などの暖房エネルギーによる二酸化炭素の排出が多いわけで，これを本気になって考えないと，増えている部門で減らせない。

　ヨーロッパの場合を考えると，環境税を導入してガソリンの値段を上げて，それで交通部門の負荷を減らすという試みを行っているけれども，日本では環境税がまだ確立できていない。揮発油税は道路をつくるために吸い上げられてしまう。そうした課題の検討が，まだ不十分である。2007年以降の原油価格急騰で燃料価格が上昇し，実質的に環境税をかけた以上の水準になっており，省エネ車の普及や代替交通手段の拡大の好機である。ここで地球温暖化政策の構想力と実施方策が試されるのである。

5. 2050年半減へ向けての課題

　2007年のハイリゲンダム・サミットでは，「2050年に二酸化炭素半減を真剣に検討する」ことが合意された。これは非常に画期的なことで，重要な提起であるが，このことを本当に考えると，大変なことになる。中国やインドなどの途上国の排出増加を考えれば，先進諸国は70％以上減らさなければならないということになる。EUは事実上，そういうふうに想定している。50年に，ほぼ70％減らすということを，彼らは目標に前から掲げている。その根拠は，イギリスのスターン・レビュー(Stern, 2007)によれば，現在1人当たり排出は日英でほぼ同じ約11トンで，2050年に半減するには世界の人口を考えて1人当たり2～3トンに削減する必要がある(図3参照)。

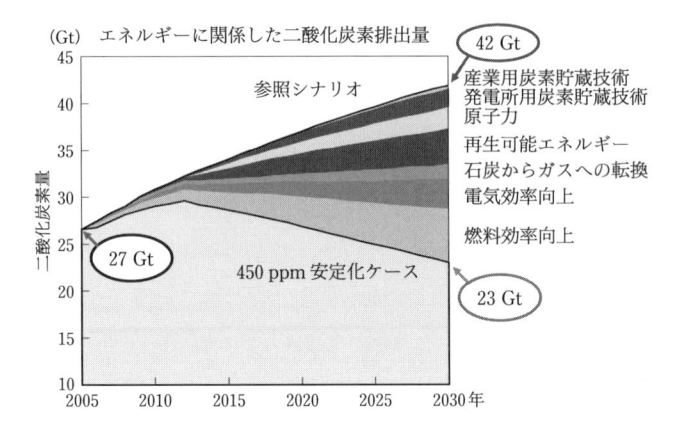

図3 二酸化炭素排出－450 ppm 安定化ケース（WEO/IEA, 2007 より）。2030 年までに，排出は 23 Gt まで減少，現状のままでのシナリオと比べて，19 Gt 少ない。

しかしそのためには，抜本的な技術革新と，環境税などを含めた制度改革が不可欠である。また中国やインドとの省エネに関わる協力も不可欠である。

経済と環境の分野での協力で実績を上げることを通じてこそ，世界平和への政治的な協力の基礎が生まれる。これこそ実は EU の大きな教訓である。EU は最初，石炭鉄鋼共同体として出発し，次に環境分野で大きな成果を上げて，今や環境に関するグローバル・スタンダードは全部 EU から出ている。京都議定書も EU のイニシアチブであった。政治対話の基礎に，経済と環境の分野での協力があるということが，非常に大事な EU の教訓だと，私は考える。これをアジアでどうするかというのが，問われている。

6. EU のエネルギー政策目標

EU のエネルギー政策目標は 2020 年までに二酸化炭素排出を 30％減らすというもので，EU は実際に少なくとも 20％減らす。エネルギー効率の 20％改善，再生可能エネルギーの比率の増加と，数値目標を出している。京都議定書も EU 全体で 8％減を達成するということで，若干未達成になる可能性もあるけれども，ほぼ達成のラインに近づいている。EU の温暖化対策

戦略で大事なのは，やはり，たんに温暖化の問題を制約と考えないで，大胆な数値目標を掲げて，経済発展のあり方を変えて，世界的な環境革命をリードするという長期戦略である．これをデュマス委員長がはっきりいっている．ここでは気候変動政策と，技術革新政策と，競争力政策の3大柱が，全部統合されている．環境負荷を下げながら，生活の質を高めて，さらにもうひとつ大事なのは，雇用を創出するということである．雇用の創出と競争力をつけながら，サステナブルな，持続可能な成熟化社会を目指すということを示している．

7. 中国とインドとの協力

2015年以前に建てられた中国とインドの石炭火力発電所からの排出二酸化炭素は，今後10年間に建てられる追加施設が技術の型を決めて2050年とそれ以降の排出を決めてしまう（図4参照）．世界のエネルギー関係の二酸化炭素排出はこのままでは，57%増加するが，別の選択肢の政策シナリオでは平準化する（図3文献参照）．したがって，中国とインドの参加と協力が不可欠である．中国の二酸化炭素排出の約1/4が輸出関連であることを考慮すれば，

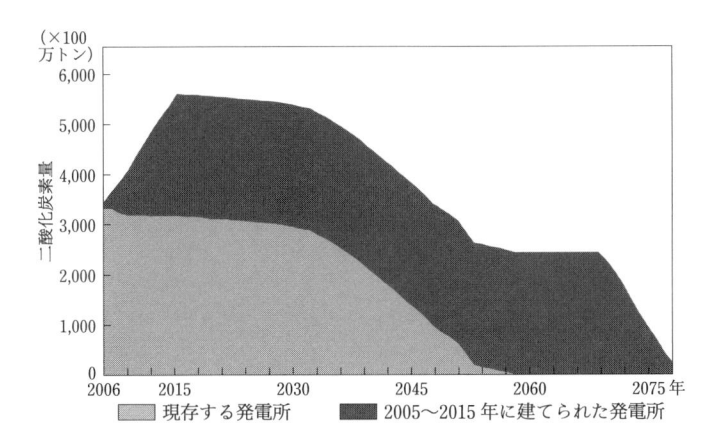

図4 2015年以前に建てられた中国とインドの石炭火力発電からの排出二酸化炭素（WEO/IEA, 2007より）．このままの傾向では今後10年間に建てられる追加施設が技術の型を決めて2050年とそれ以降の排出を決めてしまう．

日本を含めた先進国の協力が重要である。

8. 理念・枠組・戦略の必要性と福田ビジョンの実現可能性

　以上をまとめれば，温暖化問題に対する日本の現状を変えて，本格的に取り組むには以下のような理念と枠組そして戦略が必要である。
　①気候安全保障基本法
　②50年までの長期削減目標と20年中期目標
　③環境税の導入
　④排出量取引制度
　⑤技術革新促進と低炭素社会普及制度
　⑥政策統合(気候安全保障政策・技術革新政策・競争力政策・雇用政策)
　この理念・枠組・戦略からみて重要なのは，北海道洞爺湖サミットを直前に控えて，福田首相が地球温暖化対策の「福田ビジョン」を発表したことである(2008年6月9日)。その柱は，以下の内容である。
　①50年までの長期目標として温室効果ガス排出量を現状比60〜80％削減
　②国内排出量取引を2008年秋に試験的実施
　③環境税を含め，税制全般の横断的見直し
　④太陽光発電導入量を30年に現状比40倍に引き上げ
　⑤地球温暖化対策の多国籍基金に最大12億ドル拠出
　これらの目標を達成するには，現状の政策とのギャップを早急に埋めて，実現のための政策体系を整える必要がある。

9. G8洞爺湖サミットの評価とCOP15への課題

　2008年7月に開催された北海道洞爺湖サミットは地球温暖化問題について，「2050年半減目標を世界で共有」という声明を出したが，これは2007年のハイリゲンダム・サミットの「2050年半減を真剣に検討」から前進したのか？　私は，洞爺湖サミットの声明は，①中国・インドの参加を条件付けるアメリカ合衆国への配慮，②中期目標は国別総量目標を目指すEU主張，

③「セクター別アプローチ」は日本への配慮の，3つの要因の合成結果であったと判断する。むしろ問題は，現下の資源高騰と投機マネー問題に対して，資源・食糧問題へのメッセージ，投機マネーへの規制に関するメッセージが出せなかったことの方が大きいと考える。

これに対して，G8と新興5か国を含む主要経済首脳会合宣言が出され，①「ビジョンの共有」，②削減の世界全体の長期目標は望ましい，③「IPCCの野心的な複数シナリオを真剣に検討」という形で間接的に50年半減を検討することが確認されたが，前日の新興5か国宣言では，先進国に50年に80〜95％削減要求，20年に25〜40％削減を要求しており，G8と新興5か国の対立が際だつ結果となった。

そこで，2009年末にコペンハーゲンで開催されるCOP15に向けての課題が問題となる。2013年以降のポスト京都議定書の枠組が決められ，当然，京都議定書と京都メカニズムの評価が不可欠となる。アメリカ合衆国は京都議定書を批准しておらず，オバマ大統領政権下での課題となる(2009年1月末執筆・校正)。中国・インドなど新興国は削減義務を負っておらず，当然，米・中・印の参加のあり方が焦点となる。全体としての50年半減と中期目標への国別目標設定が課題で，省エネでの日・中・印協力も重要となる。

日本にとってのG8サミットを振り返ると，2050年半減のハイリゲンダム・サミットを受けて，京都議定書目標の未達成状況を打開するうえで重要な意義があったと考える。「福田ビジョン」が直前に発表され，そのビジョンと現実の政策のずれをどう埋めるか，基準年の問題(90年か05年か)を残しながら，温暖化問題に対する理念・枠組・戦略の問題，政策統合の重要性が提起された。

10. 北海道にとっての課題

低炭素社会づくりという面から北海道は1人当たり二酸化炭素排出量が本州の1.3倍であり，これは冬期の暖房用灯油消費と，自動車利用率の高さに原因がある。他方において，北海道は化石燃料に頼らない低炭素社会づくりの大きな潜在的可能性をもっている。風力発電については，苫前町(とままえ)に立地す

る約 40 基の大型風力発電機をはじめ，「グリーン電力料金」による，市民による再生可能エネルギー利用として，現在，北海道に 4 基，そして青森など合計 11 基の風車が建っている。

さらにバイオマスとして間伐材利用の発電や家畜糞尿からのメタンガス回収など，潜在的可能性は非常に大きい。北海道大学の研究によれば（大崎ほか，2008），北海道民 559 万人の食糧確保に必要な耕作面積は 28 ha で，現在の耕作面積の 24％で食糧は賄え，その余剰生産力をバイオ燃料に回せば，北海道は原理的には再生可能エネルギーで必要エネルギーを賄える。北海道が日本における低炭素社会に向けた再生可能エネルギー開発利用の拠点となりうる。

再生可能エネルギーについては，研究開発とともに，何よりも普及のためのさまざまな制度を整備する必要がある。風力やメタンなどからの電力買い取り制度の拡充が不可欠である。従来の道路河川建設と大規模農業の基盤整備用の公共事業は，以上のような地球環境問題，財政危機，少子高齢化などの制約条件の大きな変化を踏まえて，低炭素社会づくりの基盤整備に転換されるべきである。「制約なくして発展なし」なのである。

その際に，低炭素社会づくりで先鞭をつける EU は，気候変動政策・技術革新競争力政策・雇用政策の 3 本柱を統一しており，参考とすべきであろう。北海道と気候風土が似ている北欧諸国では電力の約 20％を風力発電で賄うデンマークをはじめ，再生可能エネルギーの利用が活発に進められている事実は，地球環境問題に対して，技術革新とともに社会制度面の改革がいかに重要であるかを改めて示している。

11. 京都議定書を超えて豊かな「低炭素社会」への道

日本は，京都議定書がそもそも未達成で，これを何とか達成しなければならないが，ポスト京都議定書も含めてやはり重要なことは，理念と枠組であって，これについて国民的な議論がまだ起きてないということが，一番の問題である。京都議定書を超えて，豊かな「低炭素社会」の構想をどのように描くことができるかということを，我々は問われている。

最後にアジアにおける省エネ環境協力の課題についてである。この場合には，いうまでもなく中国の経済成長の影響は非常に大きい。例えばリサイクルでみても，中国が，鉄のスクラップ，プラスチックまで全部吸い寄せている。日本のリサイクル・システムも大きな影響を受けており，それから中国で環境影響物質がたくさん出されていて，日本にも影響が出ているということがある。特に中国は2000年から鉄鋼生産が3倍になっており，経済成長と収入増大に国民の目が向いている。したがって，中国自身にとってメリットがあるような形で，環境協力を，日本がどうやってできるかということが一番大事で，ポスト京都議定書の大きなポイントになってくる。

[引用・参考文献]
Dow, K. and Downing, T.E. 2006. The atlas of climate change. 128 pp. Earthscan.
一方井誠治. 2008. 低炭素化時代の日本の選択. 220 pp. 岩波書店.
京都大学経済研究所. 2007. 平成18年度地球温暖化対策の経済的側面に関する調査研究報告書.
日本エネルギー経済研究所編. 2007. エネルギー・経済統計要覧(2007年版). 369 pp. 省エネルギーセンター.
OECD/IEA. 2007. World energy outlook 2007: China and India insights.
大崎満・吉田文和ほか. 2008. 北海道からみる地球温暖化. 72 pp. 岩波ブックレット.
Stern, N. 2007. The economics of climate change: the Stern review. 692 pp. Cambridge University Press.

第6章 地球温暖化問題と国際法

北海道大学公共政策大学院/堀口健夫

　地球温暖化問題は，その性質上一国の取り組みだけでは解決が困難であり，またその対策が国によって異なれば産業の国際競争条件にも影響しうることもあって，国家間のルールである国際法を通じた世界全体での協力体制を必要としてきた。そして最近報道などでも頻繁に目にする「ポスト京都」問題とは，まさしくそのような国際法制度の将来のあり方をめぐる議論に他ならない。もっとも，「ポスト」という言葉からも明らかなように，そうした制度のあり方はまったくの無から論じられているわけではもちろんない。ここでいう「京都」が，2008～2012年の期間を対象とするルールを定めた京都議定書(1997年)を指していることはいうまでもないが，その京都議定書にしても気候変動枠組条約(1992年)という別の条約で定められていた制度上の枠組を前提として締結された国際条約である。さらにいえば，これらの条約ができる以前に，環境問題に適用可能な国際法のルールがまったくなかったというわけでもない。将来の制度をめぐる「ポスト京都」の問題を考えるに当たっては，まずこのような既存の国際法の制度・ルールの性質や限界についても十分に理解しておくことが肝要であろう。

　そこで本章では，こうしたこれまでの国際法の展開を整理し，そのことを手がかりとしながら「ポスト京都」問題の意味と課題について考えていきたいと思う。本章では気候変動枠組条約と京都議定書を指して「温暖化関連条約」と呼ぶこととするが，まず第1節においては，これらの温暖化関連条約が締結される以前にすでに論じられていた，環境問題に対する国際法の伝統

的なアプローチにまでさかのぼり，その特質と限界について明らかにする。そして続く第2節では，温暖化関連条約がそうした伝統的アプローチの限界にいかに対処しようとしてきたのか，国際法の基本的な性質を踏まえつつ，法の形成と実施の局面に分けて詳しく検討を加える。以上のような国際法の展開を踏まえたうえで，第3節において「ポスト京都」において検討すべき基本的課題について考察し，最後にこうした国際法制度の発展・運用と私たち市民との関わりについて触れて，結びに代えることとしたい。

1. 環境問題に対する国際法の伝統的なアプローチ

越境汚染に関する伝統的な国際法理論

　温暖化のように地球規模で取り組むべき環境問題が認識され，国際条約による具体的な対応がみられるようになるのは概ね1980年代以降のことであるが，国境を越えた環境問題はそれ以前から認識されていた。例えば20世紀前半には，カナダの溶鉱所から排出された亜硫酸ガスが国境を越えてアメリカ合衆国領内の農場や森林に被害をもたらし，国家間の裁判によって処理されるという事件があった（トレイル溶鉱所事件）。また複数の国家を貫いて流れる国際河川においては，水質の汚染などが早くから国際問題化し，少なくとも20世紀半ばころには国際法学者の研究テーマとなっていた。他にも魚資源の管理なども国際的に対応すべき問題として認識されていたが，当初国際法学者の関心を集めた主たる環境問題は，近隣諸国間の国境を越えた汚染問題にいかに対処するかという問題であったといってよい。

　だが，例えば前述のトレイル溶鉱所事件のころは，越境汚染を規律するための具体的な条約もほとんどなく，他国にどのような被害を与えようが自国の領土は自由に利用できるという考え方すら主張されることもあった。しかしトレイル溶鉱所事件において国際裁判所の判決は，他国の領土や財産・人に対して煤煙による損害を生じさせないように国家は自国領土を使用・管理しなければならない，という国家間のルールが確立していることを明らかにし，カナダ側に一定の賠償金の支払などを命じた。そしてその後20世紀後半に入ると，特別な条約を結んでいなくとも国家は一定の越境汚染を防止す

る義務を国際慣習法上負っており(そのようなルールを「重大損害禁止規則」と呼ぶ)，その義務に違反して他国に損害が発生した場合には，被害国に損害賠償を行わなければならない，という考え方が各国や国際法学者の間でしだいに支持されるようになっていく。このような環境問題に対するアプローチは，近隣国の越境汚染問題への対処を基本的に想定していることから，越境汚染アプローチ，あるいは伝統的アプローチなどと呼ばれることがある。

この伝統的アプローチの特色は，以下のように整理することができる。まず第一に，加害国対被害国という図式を前提としており，加害国の活動と被害国の損害との因果関係の立証を要求する。第二に，基本的には発生した損害に対処するという局面を想定しており，少なくとももともとは事後的な救済に主眼を置いていた。重大損害禁止規則自体も内容は抽象的で，あらかじめ国家に具体的な行動を指示するような規範であるとはいい難い。

このような伝統的アプローチは，あえて一言でいえば，当時新たに顕在化してきた越境汚染という問題に対して，既存の国際法の諸原則や制度を適用して処理しようとする試みであったといえる。第一に重大損害禁止規則については，既存の領域主権原則に内在する義務であることがしばしば強調されてきた。つまり，各国が自国の領土を排他的に管理・統治できることは確立した国際法の原則であるが，そうした排他的な権利には他国の利益を害さないよう確保するという義務がともなうなどと論じられた。また第二に，国家がそうした国際法のルールに違反した場合に賠償の義務を負うことは，国際法の基本原則として認められてきた。つまり当初国際法学者たちは，既存の国際法の諸原則や制度を駆使しながら，何とかこの越境汚染問題への対応を試みてきたといってよいだろう。ただしこのような試みがこれまで十分に成功してきたかどうかについては，実は疑問の余地がある[*1]。そして少なくと

[*1] 実際のところ，被害国が加害国に越境汚染の責任を追及した実例というのはわずかである。その背景には，責任に関するルールの不明確さや，政治的配慮などに加えて，しばしば越境汚染問題が，一回的な損害への対処よりもむしろ国家間の協力による継続的な管理を必要としているという事情もある。また発生した被害については，むしろ当事者間の民事訴訟を通じて処理される傾向がこれまで認められる。タンカーなどの事故による油での海洋汚染や，原子力活動による越境損害などについては，民事裁判での被害者救済を確保するための国際条約が締結されている。

も地球温暖化問題についていえば，このようなアプローチの限界がより明確に露呈することとなったのである。

地球温暖化問題の特色と伝統的アプローチの限界
　地球温暖化問題は，かつて議論されてきた近隣国間の越境汚染問題とはかなり異なる性質を有しており，上述のような伝統的アプローチでは十分に対応することができない。まず第一に，温暖化の原因とされる二酸化炭素はいずれの国家も多かれ少なかれ排出しており，また温暖化の悪影響も必ずしも特定の国家に限定してあらわれるわけではない。しかもそうした温暖化のメカニズムや影響に関しては，科学的になお十分に解明されているというわけではない。要するに，伝統的なアプローチが基本的に想定していた加害国対被害国という図式を当てはめることが，そもそもきわめて困難な問題である。例えば南太平洋にツバルという小さな島国があるが，この国は現在海面上昇の現実に直面しており，水没の危機にあるといわれている。このツバルが，例えば京都議定書に参加せず大量に二酸化炭素を排出しているアメリカ合衆国に対して，その責任を国際法上追及することができるかどうか，一部の学者の間で問題にされたことがあった。もし国家間の裁判にツバルが訴えようとすれば，国際裁判が行われるにはそもそも紛争当事国双方の同意が必要であるという大きなハードルがあるが，そのことを別にしても，アメリカ合衆国の行為とツバルの被害の間の因果関係が立証できるのかといった点が問題となり，そうした試みが成功する見込みは乏しいと考えられる。
　また第二に，懸念されている悪影響はかなり深刻な性質のものであり，いったん発生すればその回復がしばしば困難である。例えばこのことは，種の絶滅といった問題を考えれば容易に理解できるであろう。このような性質の問題については，発生した損害に事後的に対応していくことよりも，早い段階から事前防止的に対策を講じていくことがより重要であり，そのためにはより具体的な行動基準などのルールをあらかじめ定めていくことが有効である。さらにいえば，地球温暖化問題へは継続的な対応が必要であって，発生した損害にその都度対応すれば良いという性質の問題ではない。温暖化の原因活動はきわめて多様であるばかりか，それら自体は社会的に少なからぬ

便益ももたらしている。したがってこれらの活動自体を単純に禁止することは通常困難であり，関連する経済社会状況の変化や，科学的知見・技術の進展などを考慮しつつ，いわば継続的に管理していくことが求められる。

そもそも地球温暖化は国際社会全体の公共的な問題というべきであり，例えばツバルとアメリカ合衆国のように特定の国家間で相互に利益を調整すればそれで事が済むというような類の問題ではない。越境汚染に関連して駆使されてきた伝統的な国際法は，もともとそのような公共的な性格の問題をあまり扱ってこなかった。主権国家間のルールである現在のような形の国際法秩序がかつてヨーロッパで論じられるようになったとき，やはりそこでもまったくの無から議論が展開されたわけではなく，古きローマ法やヨーロッパ諸国の国内法，特にそのなかでも私法に関するルールや理論が手がかりとされた。つまりは，国際社会における独立国家間の関係を国内社会における人と人との水平的な関係に類似するものととらえ，国家間の法関係は国内社会における私法的関係を類推する形で論じられる傾向がみられた。こうして例えば，国家間の合意である条約に関する理論は国内私法の契約理論の影響を受け，国家がルールに違反した際に負う責任も不法行為責任や契約不履行責任に近いものとして議論されてきたのである。その結果伝統的な国際法は，基本的には二国間の関係において相互に利益のバランスを図る法としての性格を強くもっていた。

しかし，隣国間での利害調整によって処理が可能といえなくもない越境汚染の問題はともかくとして，地球温暖化問題についてはこのような性格の法では十分に対処することができない。そこでは個別国家を越えた国際社会全体の利益の実現が課題となっており，その意味ではむしろ公法的な対応が要請されているといいうる。気候変動枠組条約(1992年)や京都議定書(1997年)といった条約は，まさしくそのような対応を制度化する試みであった。これらの条約は，気候変動枠組条約の前文で謳われているように，温暖化やその悪影響が「人類共通の関心事」であるという認識を根本に据え，伝統的な国際法秩序とは異質の秩序を形成することを狙いとしている。そして現在盛んに議論されている「ポスト京都」問題も，そうしたプロセスの延長上にある問題なのである。

日本の国内法における環境問題への対応を歴史的に振り返ってみても，当初は公害被害者救済の観点から民法，すなわち私法による対応が中心であったが，その後環境関連の法律に基づいた各種の規制が発展し，公法による対応へとしだいに重点をシフトしていった。近年の国際社会においても，基本的には類似の発展傾向を見出すことができるのかもしれない。ただし国内社会とは異なり，それぞれに主権をもった独立国家からなるきわめて分権的な社会構造のもとで，社会全体の公共的な利益を実現することが課題となっており，それゆえに一層困難な問題も抱えることとなっている。そこで第2節では，条約を通じた温暖化防止のための近年の国際法制度の発展を概観し，世界の国々がどのようにこの課題に取り組みつつあるのかを具体的にみていくこととしよう。

2. 地球温暖化防止のための国際法制度

　ところである問題について法で規制する場合，そこには大きくふたつの局面が含まれる。まず第一に，規制に必要なルールをつくらなければならない。例えば，二酸化炭素の排出を何％削減しなければならないといったように，目的を実現するための行動を指示するルールなどが必要である。これは法の形成の局面である。しかしそのようなルールをつくれば，問題がそれで解消するというわけではもちろんない。そのルールにそった形で実際に当事者に行動してもらわなければ意味がない。これは法の実施の局面である。以下では，大きくこのふたつの局面について，国際法の基本的特質を確認したうえで，温暖化関連条約の特色を検討していきたいと思う[*2]。

法の形成における特色
(1) 国際法のルール形成における分権性
「人類共通の関心事」とされる地球温暖化問題は，基本的には国際社会全

[*2] もっとも後の論議からもわかるように，温暖化関連条約ではルールの形成も実施も，締約国会議という同一の機関を中心として行われており，実際の活動をみても両局面が必ずしも判然と区別できるわけではないことには注意が必要である。

体で対応すべき性質の問題であり，そのためには，世界のすべての国々が守るべきルールや制度があることが理想といえるかもしれない。しかし，ここでひとつ問題となるのは，国際社会には世界共通のルールを決定するような立法機関が未発達であるという点である。例えば，日本国内であれば国会を通じて法律がつくられていくわけだが，国際社会ではそのような議会に該当する機関が存在しない。それでは国際法のルールはどのように形成されていくかというと，各国の慣行の積み重ねによって認められていく国際慣習法，あるいは国家間の合意で，ある条約という形でつくられていくことが一般的である。ただし，前者の慣習法として形成されるルールは，内容が抽象的であることがしばしばであり，また，その成立時期が不明瞭であることなどから，地球温暖化防止との関わりではその役割は二次的・限定的であると考えられる[*3]。他方，条約は具体的なルールをつくるための重要な手段となりうるわけだが，このルール形成方式は，「合意は拘束する」という大原則を前提としている。これは裏を返していえば，合意しない国家は拘束されないということである。例えば，京都議定書に関してアメリカ合衆国の離脱が問題となったが，もともと国家は条約に参加しない自由を国際法上認められており，基本的にはその意思に反してルールを押し付けられることはないのである[*4]。この点は，温暖化のように世界全体のルールが必要とされている問題状況においては，ルール形成における重大な限界として立ちあらわれることになる。

　特に地球温暖化問題の場合は，経済状況や産業の発展段階，あるいは温暖化の影響の重大性などの面でそれぞれの国に差異があることに加えて，問題

[*3] 国際慣習法という形で形成されるルールの特色のひとつは，原則として世界のすべての国家を拘束する性質をもつとされる点にある。例えば温暖化関連条約に参加していない国家も，重大損害禁止規則などの慣習法上のルールには拘束されることになる。その意味で，慣習法は条約を補完する形で一定の役割を果たすといいうる。また直接に温暖化防止を目的とするルールではないが，条約の効力や国家の管轄権（＝各国が国内法を定立・実施する権利）などに関する国際慣習法のルールが，温暖化関連条約の運用においても関わってくることはいうまでもない。
[*4] 例えば最近ではテロ問題への対応として，国連の安保理が決議を通じてすべての国連加盟国を拘束するルールを立法したと理解できる事例もみられるようになっているが，そうした事例は今のところ例外的である。

のメカニズムが科学的に必ずしも解明されていないという事情などもあり，対策への積極性にも各国で温度差がある。こうした状況においては，すべての国々が合意できるようなルールを確定することはしばしば困難であり，国家の参加の確保を徹底するのであれば，そこで決められるルールは最も対策に消極的な国家が合意できるようなレベルにとどまる可能性が高い。他方，より厳格なルールを定めようとすれば，条約に不参加を表明する国家があらわれる可能性がある。このように，国際社会全体で守るべきルールや制度をつくるとなると，条約への各国の参加確保の必要と，問題解決のために有効なルールの必要との間で一種のジレンマに直面しうる。これは分権的な国際社会の構造に由来する困難であるといえ，その克服はなかなか容易なことではない。

　このようなジレンマに対しては，最終的にはどこかでふたつの必要のバランスをとる他ないだろう。例えば温暖化問題についても，とりあえず二酸化炭素の主要排出国だけでも参加する制度をつくればよいという考え方も成り立たないわけではない。ただ温暖化関連条約では，いずれの必要も可能な限り満たすことができるように，ルールづくりにおいて工夫を施すようになってもいる。すなわち，枠組条約＝議定書方式の採用と義務の差異化がそれである。以下順にみていこう。

　(2) 枠組条約＝議定書方式

　この方式は，まず国際的な規制の基本枠組を定める条約(＝枠組条約)を締結し，その後この枠組に基づいてより具体的なルールを検討し，その成果をまた別の条約(＝議定書)の形などで定めるという法形成のやり方である(図1参照)。より具体的にいえば，枠組条約では条約の基本目的やその実現のための一般的指針(こうした指針は一般に「原則」と呼ばれる)が定められるとともに，具体的なルールの検討などを行うための条約機関(意思決定機関である締約国会議や補助機関など)が設置される。また国家の義務が定められる場合であっても，かなり一般的な内容にとどまっていたり，あるいは条約機関への報告など手続的な性格のものであることが多い。このように，各国にとって比較的受け入れやすい基本的な枠組についてまず条約化しておき，その後その枠組のもとで具体的なルールについて定期的に検討していくという，段階的もし

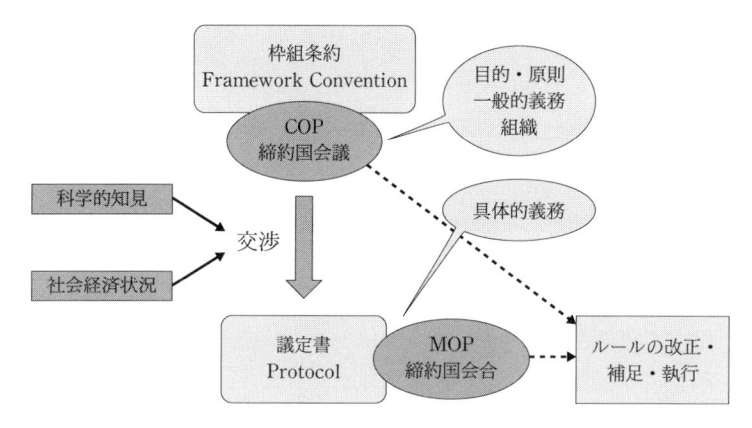

図1 枠組条約＝議定書方式

くは継続的な法形成の仕組みが採用されている。

　この方式を初めて採用した環境条約は1970年代の地中海の海洋汚染防止条約であったといわれるが、その後も地球環境問題を扱う条約を中心として採用する条約がみられ、温暖化問題についても、これまで言及してきた条約の名称(気候変動枠組条約・京都議定書)からも明らかなように、この方式に基づいて国際法の整備がなされてきた。まず1992年の気候変動枠組条約は、気候システムに対して危険のない水準に温室効果ガスの濃度を安定化させることが条約の究極目的であるとし(枠組条約第2条)、その目的を実現するための指針として、予防原則、共通だが差異のある責任原則、持続可能な開発原則、衡平原則などを列挙するとともに(枠組条約第3条)、意思決定機関として締約国会議を設置するなどしている(枠組条約第7条)。またこの枠組条約では、すべての締約国に対する義務としては、温室効果ガスの排出・吸収に関する目録の作成、温暖化対策の国別計画の策定と実施や、条約の実施に関する情報の締約国会議への送付などの義務を定めるにとどまり(枠組条約第4条1項、第12条)、温暖化防止のための政策・措置の実施については先進国に一般的な義務を課しているにすぎない(枠組条約第4条2項)。これに対して1997年の京都議定書は、枠組条約の目的・原則を実現する趣旨で締結され(議定書前文)、先進諸国に温室効果ガスの排出の上限を定めた国別数値目標を課すなど、温暖化の緩和に向けたより具体的なルールを定めている(議定書第3条)。

この法形成方式のひとつのメリットは，とりあえず国際規制の基本枠組に多くの国家を取り込むことが期待できるという点にある。実際，京都議定書に参加していないアメリカ合衆国も1992年の枠組条約には参加している。またこの方式では，科学的知見の進展や経済社会状況の変化などにも柔軟に対応することができ，継続的に必要なルールを検討していくことが可能である。前述のように温暖化問題は，いったん何かルールを決めさえすればそれで解決するというような類の問題ではなく，定期的な措置の再検討を含む継続的な対応が必要である。そして，そのような継続的なプロセスを通じて，各国間で情報や問題意識の共有が図られたり，あるいは妥協点が見出されるなどして，具体的なルールに向けた合意の可能性が高まることも期待できる。

　もっとも，この方式に問題がないわけではない。例えば，「ポスト京都」をめぐる現在の状況からもうかがえるように，やはり具体的なルールの形成にはそれなりに時間がかかることが少なくなく，ルールの内容の強化も段階的に進められていくことから，それでは温暖化の進行を食い止められないのではないか，という批判がありえよう。枠組条約に参加したからといって，さらに議定書に参加することが国家の義務になるわけではない。ただ現状では，すべての条約締約国を拘束するようなルールを多数決で決定することには，国家は概して消極的である[*5]。

　また，アメリカ合衆国が枠組条約の参加国であるということは，それなりの法的な意味もある。枠組条約上明示的に課されている義務をアメリカ合衆国が負うことはもちろんだが，より一般的には，枠組条約の原則にのっとってその目的を誠実に実現する義務をアメリカ合衆国は負っているというべきである。そして誠実に実現しようとしているかどうかの判断の際には，その国家ができるだけ効果的な対策をとるよう努めているかどうかがひとつの重要な判断基準となろう。したがって，京都議定書に参加しない自由があるとしても，例えばアメリカ合衆国国内の温暖化防止政策や，2005年にアメリカ合衆国が主導して日本など一部の国家と設立した「クリーン開発と気候に

[*5] 稀な例外として，オゾン層保護に関するモントリオール議定書(1987年)では，既存の規制物質の規制スケジュールの前倒しについて，コンセンサスが得られなかった場合に多数決ですべての締約国を拘束する決定を行うことが認められている。

関するアジア・太平洋パートナーシップ」といった国際的な取り組みについて，それが少なくとも京都議定書と同程度に有効な取り組みであるかどうかが今後も問われていくことになる。つまり枠組条約に参加している以上，アメリカ合衆国も何らかの有効な政策の実施に努めていることを，少なくとも国際社会に向けて説明していく責任がある（温暖化関連条約における締約国の説明責任については，後の法の実施のところでも言及する）。枠組条約＝議定書方式を採用したからといって，前述のようなルールづくりのジレンマを完全に克服できるわけではないが，枠組条約で表明された目的の実現に向けて多くの国家の行動を方向付けることができるという点で，この方式が少なからぬ意義をもつこともまた確かなのである。

(3) 義務の差異化

さらに温暖化関連条約では，参加国の間の義務に差異を認めている。より広く多様な国家の条約参加を確保しようとすれば，最も温暖化対策に消極的な国家の主張に合わせる形で，合意される義務の内容が緩和される方向に力が働きうることを前に指摘したが，そこでは各国の義務は基本的に一律であるという前提があった。しかし義務に差異を設けることができるのであれば，条約への多くの国家の参加を確保しつつ，それぞれの国家に相応の削減義務を課すことが可能となる。このような義務の差異化は先進国間でも意味をもつが，より重要な意味をもつのは先進国と開発途上国間の関係においてである。概して開発途上国は，環境保護よりも自国の経済開発にプライオリティを設定し，また現状において先進国と同様の環境対策を強いられるのは衡平ではないとの立場をとっており，このような義務の差異化を設けなければ環境条約への参加を見込むことは困難となっているのである。この「衡平(equity)」なる言葉は必ずしも明確な概念ではないが，ここでは実質的平等という理念と深い関わりがあるものと考えられる。古くから認められてきた国際法の大原則は，主権国家間の平等であった。つまり大国であろうと小国であろうと，独立国家は法的に平等に取り扱われるべきであるとの原則が確立しており，その制度上のひとつの具体化として，例えば国連総会における一国一票の投票制度などがある。ここでいう平等は，経済力など各国の実際上の差異にもかかわらずすべての国を等しく扱うことに重点を置くもので，

国家間の形式的平等と呼ばれる。こうした平等概念には，大国による小国への干渉を抑えるといった実際上の意義があった。しかし第2次世界大戦後，それまでの植民地が独立し，今日開発途上国と呼ばれるような国々が増えてくると，これらの国は南北間の経済格差などを解消に向けた新たな秩序の方向性を模索するようになる。そこでは，国家間の差異に応じて一定の異なる扱いも認められるべきであることが強調され，1970年代には新国際経済秩序に関する国連総会決議が採択されるなどした。その後，このような実質的平等の実現に向けた開発途上国の試みは限定的な成果を上げるにとどまってきたのだが，近年地球環境問題という新たな文脈を得て開発途上国側が強く主張するようになってきており，先進国としても開発途上国の条約参加を確保するに当たってそうした主張を無視することが困難となっている。その結果，前にも言及したように，温暖化をはじめとする最近の地球環境条約では，「共通だが差異のある責任」と呼ばれる原則を一般的に採用するようになっている。これは，すべての条約締約国は地球環境保護に取り組む共通の責任を負っているが，そのための具体的な負担配分においては先進国と開発途上国の間に差異を設けるべきであるとする原則である。

　温暖化関連条約でも，この原則のもとで差異のある義務が設けられている。例えば気候変動枠組条約では，温室効果ガスの排出抑制などの政策・措置の採用が明示的に義務付けられているのは附属書Ⅰに掲載された先進国(ロシア・東欧などの市場経済移行国を含む)であり，京都議定書においても具体的な国別数値目標を課せられているのは基本的にこれらの国に限られる。また附属書Ⅱに掲載された先進国(市場経済移行国を含まない)には，開発途上国への支援に関する特別な義務がいくつか課せられている。このように義務の差異化の態様は，①開発途上国の温室効果ガス削減義務の緩和・免除と，②先進国による開発途上国への支援のふたつに大別することができる。

　このように先進国と開発途上国とを異なるように扱うことは，いかなる根拠で正当化されるのであろうか。各国の見解や学説をみていくと，少なくとも以下の2点が指摘されてきている。ひとつは温暖化に対する先進国の歴史的寄与である。つまり，これまで先進国が温室効果ガスを排出して発展を遂げてきた以上，それに応じた負担を負うべきであるという考え方である。こ

の根拠は，特に開発途上国側によって強調されることが多い。もうひとつは，温暖化対策を実施する各国の能力に応じて負担を負うべきであるとする考え方である。気候変動枠組条約では，前文において先進国のこれまでの温室効果ガスの排出実績に言及するとともに，第3条1項では「共通だが差異のある責任及び各国の能力に従い」，気候システムを保護すべきであるとしている。他にも義務の差異化の根拠として，開発途上国のニーズの充足などが指摘されることもある。

もっとも，義務の差異化によって多くの国家の条約参加が確保できるとしても，温暖化防止という観点からすると問題も含む。例えば中国は，京都議定書では削減数値目標を負っていないが，国家全体の排出量でみる限りでは世界の1，2を争う排出大国である。したがって，「ポスト京都」以降も中国が削減義務を負わないという状況が維持されれば，条約目的の実現の観点から問題とされうる。この点につき，このような義務の差異化にも一定の限界があるものと考えられる。第一に，「共通だが差異のある責任」はあくまで条約目的を実現するための原則のひとつとして採用されている。また「差異のある責任」はあくまで「共通の責任」を前提としているのであって，条約目的の実現を明らかに害するような特別な取り扱いは認められないというべきである。また第二に，上で示したような差異化の根拠となる事情がなくなっていくとともに，差異のある義務を正当化することは困難となる。これらのことから少なくとも指摘できるのは，差異のある義務は永続的に認められるものではけっしてないということであり，実際条約においてもそのようなことが明文で認められているわけではない。

この点と関連して重要であるのが，先進国による開発途上国への支援である。気候変動枠組条約では，開発途上国による条約上の義務の効果的な実施は，先進国による資金・技術移転に依存するものであることがわざわざ明文化されている（枠組条約第4条7項）。条約上開発途上国は具体的な削減義務を負っているわけではないが，開発途上国の能力を育成し，またそれらの国の温暖化対策の推進するに当たって，先進国の役割は重要である。つまり義務に差異を設けることそれ自体が問題であるというよりは，その差異を必要とする事情にいかに対処していくことができるかという点が，より根本的でか

つ困難な問題としてあらわれているというべきであろう。
　以上のように，温暖化関連条約では，枠組条約＝議定書方式の採用と差異のある義務の設定により，独立主権国家が並存する分権的な国際社会において，できるだけ多くの国家の条約参加を確保しつつ，温暖化防止に有効なルール・制度の発展を図ってきている。

法の実施における特色
　(1)国際法のルールの実施における分権性
　次に法の実施の局面に目を向けてみたい。国際法のルールが形成されたとしても，それがきちんと実施されなければ，その目的が達成されないことはいうまでもない。ただ国際法では，こうした実施のプロセスも，基本的に国際社会の分権的な構造のうえで展開されることになる。すなわち国際社会においては，各国の国民の行動を直接に統治・規制するような国際機関が十分発達しておらず，国際法のルールの目的も各国の国内法秩序を媒介にして実現されることが通常である。つまり各国がそれぞれの国内法秩序で必要な措置をとるよう確保することが，国際法の実現においてしばしば不可欠となる。
　もっとも国際法上のルールを解釈し適用する権利は，特にそれが放棄されるなどしない限りは，それぞれの国家がもっている。そしてある国家が，他国が国際法上の義務を十分に果たしておらず自国に被害を与えていると考える場合には，その国家に対して対抗措置と呼ばれる対応（これは伝統的には復仇と呼ばれてきた）をとることが伝統的に認められてきた。すなわち，国際法のルールを実施しようとしない国家に対しては，それにより被害を受けた国家が，同じように国際法に反する措置をとって違反国にルールの実施を強制することができる。例えば越境汚染のケースで考えると，加害国が越境汚染を防止する義務，あるいは生じた損害に関する賠償義務を実施しない場合には，被害国は，当該違反国に対して負っている国際法上の義務に反する措置（ただし先行する相手国の違法行為と均衡のとれたものでなければならない）をとることで加害国に不利益を与え，それにより加害国に義務の実施を強制することが認められている。これは一種の自力救済であるが，分権的な国際社会においてはこのような制度が基本的な強制手段と考えられてきたのである。

しかし従来認められてきたこの制度も，温暖化防止という国際社会全体の利益を実現するための仕組みとしては問題点がある。まず第一に，このような対抗措置をとることのできる主体としてまず疑いなく認められてきたのは被害国であるが，前述のように温暖化に関しては加害国対被害国という図式がそもそも成り立ちにくい。他方温暖化問題では，各国が相応の義務の履行を果たすことが必要とされており，その意味では，ある締約国が義務を実施しているかどうかという問題については他のすべての締約国が利害をもっているといえる。しかし被害国とはいい難い他の条約締約国が，対抗措置のような対応をとることが一般的に認められているかどうかは判然としないのである。またそもそも前に述べたように，ある国家が国際法に違反しているかどうかの判断，またその判断に基づいて対抗措置をとるかどうかの判断は，基本的には個別国家に委ねられている。このことは温暖化問題の公共的な性格にそぐわないし，強制手段としての対抗措置の有効性の限界を示唆してもいる。仮にツバルがアメリカ合衆国に対して対抗措置をとることができたとしても，その効果はたかが知れていよう。

　また義務の実施確保という観点からすれば，義務を守らない国に不利益を課すというやり方自体，手段としてどこまで有効かという問題もある。地球温暖化問題は世界全体での対処を必要としているが，そこには資金や技術などの面で問題を抱え条約のルールを実施する能力にそもそも問題を抱えている国家も少なくないからである。不利益を与えることは，意図的にルールを守らない国家には有効かもしれないが，能力に問題があるがゆえに遵守できない国家に対しては有効な手段であるとはいい難い。さらにいえば，温暖化関連条約では，たんに既存のルールの実施を確保することを越えて，条約目的の実現のための行動を積極的に促していくことも必要である。例えば京都議定書では開発途上国は国別数値目標を負っていないが，これらの国々における排出削減努力を促すことは条約目的に適った対応である。前に述べたような国際社会におけるルール形成の困難に鑑みると，ただたんに合意されたルールの違反に対応するだけではなく，条約目的に適合した行動をより積極的に促していくことも重要な制度上の課題である。

　このようなことから，温暖化防止という国際社会全体の利益の実現に向け

ては，各国の行動を確保するための新たな制度の構築が必要とされてきたといえる。この点につき温暖化関連条約では，やはり主権国家からなる分権的な国際社会の構造を前提としながらも，条約実施の確保という面でもいくつかの工夫を採用してきている。例えば先進国の支援による開発途上国の能力養成もそのひとつといいうるが，この点については義務の差異化に関連してすでに言及したので，以下では条約機関(締約国会議)による監督と，いわゆる京都メカニズムについて取り上げたいと思う。

(2) 条約機関による監督

温暖化関連条約においても，例えば条約機関に直接参加国国民を規制する権限が付与されているわけではなく，条約参加国がそれぞれの国内で必要な立法や措置を行うなどして条約目的が実現されることを予定している。つまり温暖化の防止が進むかどうかは，各国が条約のルールに応じて国内できちんと実施するかどうかに大きく左右されることになる。この点につき枠組条約の締約国会議は，そうした各国の条約の実施状況について評価する任務も与えられており(枠組条約第7条e)，締約国は枠組条約の実施に関する情報を締約国会議に送付することを義務付けられている(枠組条約第12条)。京都議定書においても，同議定書の締約国会合(これは枠組条約の締約国会議の一部として開催されることになる)が同じように議定書の実施状況を評価するものとされ(議定書第13条4)，締約国はやはり議定書の実施状況に関する情報を提供しなければならない(議定書第7条)。また京都議定書では，締約国から提出された情報を審査する専門家検討チームが置かれ，その検討結果は報告書の形で締約国会合に提出されることとなっている(議定書第8条)。こうした情報を踏まえたうえで締約国会議(締約国会合)は，それらの条約の実施に必要な事項に関する勧告などを行うことができる。このように温暖化関連条約では，締約国による実施状況の報告と条約機関によるその監督の仕組みが整備されるようになっている。

また京都議定書のもとでは，締約国の義務の実施の問題を扱うために，不遵守手続と呼ばれる特別な手続も整備されている。これは義務の実施に問題があると考えられる締約国が出てきた場合に，その問題を条約機関によって審理し，必要であれば対応策を決定するための手続である。この手続は以下

のような特色をもつ。まず第一に同手続は，前にも述べた専門家検討チームの報告書で問題が指摘された場合の他，義務の実施に問題のある国家自身，あるいは議定書の他の締約国による問題提起などにより開始されうる。そこでは，特に被害を被った国家の申立であることといった制限はない。また第二に，問題となっている義務の不遵守の性格に応じて多様な対応が予定されている。この不遵守手続では締約国会合のもとに遵守委員会なる組織が設立され，さらにそのもとに執行部と促進部という組織が置かれている。執行部は，議定書の国別数値目標や年次目録の提出などの義務，さらに京都メカニズムの参加資格についてその遵守・不遵守を審査し，不遵守の場合には制裁的な性格の強い措置を課すこととなっている。すなわち，数値目標から超過した排出量の1.3倍分を2013年以降の次の約束期間の割当に上乗せすることや，次期約束期間の数値目標達成のための行動計画の策定，排出権取引に基づく排出枠の移転の停止といった措置が課せられる。他方促進部は，議定書の実施の促進を目的としており，必要に応じて，助言，資金的・技術的支援の促進，勧告の措置をとることとなっている。このように，能力の不足に起因する一定の不遵守に対しても有効に対処するための措置が予定されている。

　以上のように温暖化関連条約では，各締約国によるルールの実施状況を条約機関が監督するための制度が整備されるようになっている。これらの制度は，ある締約国の義務の遵守・不遵守を条約締約国全体の問題として扱い，それについて組織的な対応を図るものである。またその目的は責任の追及というよりはあくまで条約の実施の確保にあり，不遵守の多様な原因に有効に対応するための措置の決定を予定している。このように，温暖化防止という国際社会全体の利益の実現に向けて，より適切な実施確保の制度が整えられるようになっているのである。もっとも，例えば不遵守手続により決定される措置についてその法的拘束力がはっきり認められていないことからもうかがえるように，条約に関わる特定の解釈・判断を押し付けられることについてはなお国家の抵抗もみられる。だが締約国は，これらの制度を通じて，少なくとも自国の実施につき国際社会に一定の説明責任を果たすことが求められるようになっている。そうした説明責任を通じた道義的な圧力によって，

条約目的の実現に向けた締約国の行動を促す点に，これらの制度の基本的意義を少なくとも見出すことができる。

(3) 京都メカニズム

また京都議定書のもとで認められたいわゆる京都メカニズムも，議定書上の義務の実施を促進するための工夫のひとつとして理解することができる。京都メカニズムとは，共同実施(議定書第6条)，クリーン開発メカニズム(CDM)(議定書第7条)，排出権取引(議定書第17条)の3つの制度を指している。共同実施は，附属書Ⅰに掲げられた先進国(市場経済移行国を含む)間で，温室効果ガスの排出削減事業を実施した場合に，その結果生じたと認められる削減分を関係国間で移転することを認める制度であり，CDMは，附属書Ⅰに掲載されていない開発途上国で実施されたガスの排出削減事業で生じた削減分を，先進国が獲得することを認める制度である。また排出権取引は，附属書Ⅰの国々の間で排出枠の移転・取引を認める制度である。これらの制度は，温暖化対策が経済的に少なからぬコストをともなうことから，自国で排出削減を進めるよりも費用対効果の優れた措置の選択可能性を付与し，議定書において先進国が負っている国別数値目標の遵守を促進する意義をもつ。

さらにCDMについていえば，先進国から開発途上国への技術・資金などの移転が実質的に促され，開発途上国の持続可能な開発を増進するという意義も有する。前に差異のある義務と関連して先進国による支援の重要性を指摘したが，温暖化関連条約上の支援の諸規定においては先進国に少なからぬ裁量の余地が認められている。それに対してこのCDMの場合は，先進国にとっても自国の国別数値目標の達成を容易にするというメリットがあり，開発途上国の能力養成を促進するためのひとつの有効な手段として注目される。ただしこれら京都メカニズムの制度は，あくまで関連国が必要に応じて利用できるという性質のものであって，CDMについてもその一定の利用が義務付けられているわけではない。実際のところ，CDM事業が実施される国は中国やインド，ブラジルといった一定の国々に偏る傾向があり，また事業内容もエネルギー関連部門などに偏りがみられる[*6]。また特にCDMについて

[*6] これらの点に関する統計については http://cdm.unfccc.int を見よ(2008年9月に参照)。

は，手続の煩雑さなどの問題が指摘されており，改善策が検討されてきている。

　以上のように，温暖化関連条約では締約国の実施の問題に対して組織的に対応するための監督の制度が整備されるようになっており，少なくとも締約国は自国の実施状況について国際社会に説明責任を果たすことを求められている。また京都議定書では，先進国が国別数値目標達成のコストを削減できるよう，他国における事業実施による削減分の取得や排出枠の取引の制度も整備されており，さらにCDMの場合には開発途上国への実質的な支援の促進も図られているのである。京都議定書の一定の義務違反に対して制裁に近い対応が予定されていることを除けば，これらの制度は条約の実施を国家に強制するものとまではいい難いかもしれないが，国際世論の圧力や実施費用の削減機会の付与，あるいは能力の養成といった手法を通じて，分権的な国際社会において条約目的の実現を促進していくための巧妙な工夫であるということができる。

3.「ポスト京都」に向けた課題——衡平かつ有効な国際法秩序の実現に向けて

　以上みてきたように，温暖化関連条約においては，温暖化防止という国際社会全体の利益の実現のために，法の形成・実施の局面においてさまざまな工夫を取り入れてきている。これは，国内法でいうところの私法的性格が強かった伝統的な国際法とは異質の秩序を，条約という手段によって形成し，締約国会議を中心とした条約機関の活動を通じて継続的に国家の活動を管理していくための体制を実現しようとする試みであったといえる。そして今日議論されている「ポスト京都」問題もそうした試みの延長上にある。少なくともこの問題を論ずるに当たっては，これまでの温暖化関連の国際法制度が，枠組条約＝議定書方式にのっとって形成されてきたということをまずは十分に認識しておく必要があるだろう。

　第一に，「ポスト京都」の制度も枠組条約の目的・原則を前提にこれまで議論されてきており，それらにそった形で具体的に構築されていくことにな

るであろう。そして第二に,「ポスト京都」の制度のあり方を考えるに当たっては,こうした目的・原則を具体化した先例である京都議定書をいかに評価するかという点が重要となる。

　後者の京都議定書の評価についてはさまざまな論点がある。ひとつ明白であるのは,条約目的を実現するためには,京都議定書の削減数値目標はまだ不十分であり,今後はさらに削減策を強化していく必要があるという点であろう。そしてこのことと合わせて重要な論点となるのが,各国の負担配分の問題である。例えば京都議定書では,先進国に国別数値目標が設定されたが,それらは必ずしも合理的な基準に基づいて決定されたわけではない。またこの点は,先進国と開発途上国間の負担配分について特に当てはまる。前述のように差異のある義務の正当化根拠としては,温暖化への歴史的寄与と能力などが挙げられるが,これらはあくまで一般的な理由として言及されているだけで,少なくとも今のところは厳密な負担配分の基準として機能しているわけではない。京都議定書においては,2005年度の段階で世界2位の二酸化炭素排出国の中国が開発途上国として国別数値目標を負っておらず,他方そうした途上国の扱いを根拠のひとつとして世界1位の排出国のアメリカ合衆国が議定書に参加していない。両国を合わせただけでも,世界の排出量の約4割を占めている(図2参照)。今後有効な国際法制度を構築していくに当

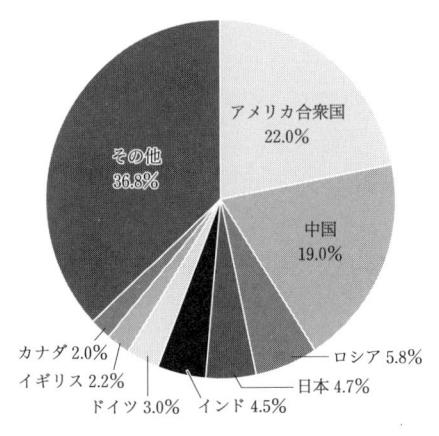

図2　二酸化炭素の国別排出割合(2005年)(EDMC, 2008をもとに作成)

たっては，こうした状況に対処することは不可避であり，特に先進国と開発途上国間の負担配分のあり方が重要な論点となることは疑いないところである。

そもそも，「先進国」と「開発途上国」という国家の類型には条約上明確な定義があるわけではない。気候変動枠組条約では，附属書に掲載されているかどうかで実質的に両者が区別されているが，附属書に掲載されるかどうかの明確な基準が条約上示されているわけではないのである。ただ慣例上，基本的にOECD(経済協力開発機構)加盟国が先進国として扱われる一方，G77＋中国というグループを構成して交渉に当たることが多い残りの国々の大半が開発途上国として扱われている。このように実は大雑把な区別がなされているわけであるが，条約目的の実現という観点からすると，このような取り扱いは問題といえる。Rajamani(2007)も指摘しているように，第一に，この区別では例えば中国のような二酸化炭素の主要排出国と，ツバルのように排出が微々たる国家が削減義務に関して同様の扱いを受けることになる。その結果，開発途上国のなかにも温室効果ガスの排出抑制の必要性が高いと思われる国家が存在しているにもかかわらず，十分な対応がなされない可能性がある。また第二に，例えばシンガポールのように比較的所得の高い国家も，アフリカの最貧国と同様に支援を受ける側の地位を得ることになる。このことは，支援される貴重な資源の有効活用という点でも疑念を生じさせうる。以上のような状況は，制度に対する各国や人々の信頼を損ないかねず，条約の自発的な実施にも悪影響を及ぼす可能性がある。

したがって，「共通だが差異のある責任」原則に基づいて異なるものを異なるように扱うとしても，その「異なるもの」の基準の再検討が「ポスト京都」におけるひとつの重要な課題であると考えられ，実際それは開発途上国の卒業要件の問題などとしてこれまでも議論が積み重ねられてきている。そうした基準を具体的に考えるに当たっては，やはり異なる扱いを正当化する根拠にさかのぼることがひとつの考え方であろう。つまり，温暖化への歴史的寄与と能力という少なくともふたつの観点から，例えば温室効果ガスの排出実績や所得などの基準に従って，締約国の類型をより精緻なものとしていくことが検討されるべきではないだろうか。またそうした類型に従って，

削減義務を課すか課さないかという従来の「異なる扱い」についても，段階的に約束を強化していくような形へと再構成していくことも検討されてしかるべきであろう[*7]。

　もっともこうした制度の再構成の試みについても，各国の合意を得ることはけっして容易なことではないかもしれない。例えば排出実績を基準に国家を類型化するにしても，それではどの時期から排出量を積算するかをめぐってやはり主張が対立する可能性がある。そもそも二酸化炭素が温暖化の原因であることが知られていなかった時期の排出実績についてまで，それを負担の根拠とすることについては考え方も分かれるであろう。また能力に関しても，それを具体的にいかなる指標で評価するかという問題がある。他にも衡平な秩序のあり方をめぐっては，国民1人当たりの排出量が長期的に一律になるよう排出枠を各国に配分していくべきである，などといったさまざまなアイデアが示されてきている[*8]。また最近わが国が提唱しているセクター別アプローチも，現段階ではその内容は必ずしも確固としていないものの，負担配分のあり方に関するひとつの興味深い提案であるといえる。「ポスト京都」の制度が具体的にどのようなものになるかを予測することは容易ではないが，京都議定書では必ずしも判然としなかった各国の負担配分の基準が検討され，衡平かつ有効な国際法秩序のあり方について真剣な議論が積み重ねられつつある。こうした努力は，「ポスト京都」の制度に対する人々の信頼性を確保し，各国の条約参加と自発的遵守を促すためにもきわめて重要である。そしていずれの制度が現実化するにせよ，温暖化防止を実現していくに当たっては先進国がやはり重要な役割と責任を担っていくこととなろう。開発途上国の能力養成についても，温室効果ガスの排出削減措置に関わる資金・技術などの面での支援のみならず，国際舞台での交渉能力や温暖化への

[*7] このような考え方に近いものとして，例えばマルチステージアプローチと呼ばれる提案がある。この提案は，開発途上国の経済発展の程度に応じて，非定量的約束，炭素集約度による目標の設定，排出量を安定化させる目標の設定，排出削減目標の設定というように，異なるタイプの約束を開発途上国にも段階的に課していこうというものである。
[*8] 開発途上国の二酸化炭素排出大国である中国やインドも，1人当たりの排出量でみると，中国はアメリカ合衆国の約1/5，インドはアメリカ合衆国の約1/20である（2005年度の統計）。

適応*9 に関わる能力などについても幅広い手当てが必要となっている。上のような開発途上国の約束の段階的強化の提案も，少なくともこのような先進国の役割と責任を前提として現実化しうるものと考えられる。

なお「ポスト京都」の制度に関しては，京都議定書のようにそもそも国別数値目標を締約国に課すかどうかという点についても議論があるが，この点は京都メカニズムの存続に関わる問題であるということを少なくとも認識しておく必要がある。同メカニズムがもつ遵守促進の意義や，現在の京都議定書の運用への影響に鑑みても，このメカニズムの存続を不可能とするような制度の変更については，少なくとも慎重に検討されるべきであろう。

また本章では，温暖化防止を直接の目的とする国際法制度に主として焦点を当ててきたが，その実際の運用においては他分野の国際法制度との連携・調整ということも重要な課題となってきている。例えば，温暖化対策のひとつとして二酸化炭素の海底への埋設という手段が考えられているが，海洋への廃棄物の投棄はロンドン条約という別の条約の議定書において今日では原則として禁止されている。そこで2006年に同議定書の締約国会議は，そうした埋設行為が例外として許容されるよう改正案を採択するにいたった。またバイオ燃料の開発についても，湿地の生態系の破壊につながっているとして，湿地の保護に関するラムサール条約の締約国会議でも問題にされるようになっている。他にも例えば，温暖化対策と国際取引に関わるWTO法との関係などについても議論があり，温暖化関連条約の制度の運用が今後さらに本格化していけば，こうした他分野の国際法制度との調整などが必要となる場面が増してくるであろう。

「ポスト京都」をめぐっては他にもさまざまな論点があるが，ここでは紙

---

*9 温暖化関連条約では，温室効果ガスの量をコントロールする「緩和(mitigation)」とともに，温暖化の悪影響に対応する「適応(adaptation)」も条約目的実現のための基本的方策のひとつとして位置付けられている。適応の措置の例としては，海面上昇に対処するための堤防建設などがある。緩和と比較して適応に関する制度の進展は遅れ気味であるが，温暖化についてはとりわけ開発途上国が深刻なダメージを受けることが懸念されており，適応に関する能力の養成も重要な課題となっている。なおこの点につき，CDMによる利益の2%を原資として適応に関する国際基金が設立されており，適応政策の推進という観点でもCDMは少なからぬ意義をもっている。

幅の関係でこれ以上扱うことができない。ただこれまで述べてきたように，地球温暖化に今後有効に対処していくためには，温室効果ガスの削減の強化を模索することに加えて，どのようなあり方が衡平な負担配分であるか，各国の条約実施をいかにして確保・促進していくか，そして他の問題分野における国際法制度との調整をどのように図っていくか，といった視点も必要とされてきているのである。温暖化防止という世界全体の公共的な利益の実現を図るための国際的な制度を構築・運用するに当たって，これらは今日の国際社会が避けて通ることができない基本的課題であるといえよう。

4. 結びに代えて——私たち市民の役割

　最後に，このような国際社会における取り組みに，私たち市民はどのように関わることができるのであろうか。本章でも指摘してきたように，地球温暖化問題という国際社会全体の利益を実現するに当たって，主権国家が並存する国際社会で機能する国際法には基本的な部分で限界もある。しかし近年の法の形成・実施の局面におけるさまざまな工夫の展開からもうかがえるように，国際法はその豊かな可能性も私たちに示してきているように思われる。そしてこの可能性を活かす途を探ることが，私たちのひとつの大きな課題といえるのではないだろうか。

　確かに国際法は国家間レベルの取り決めであり，一見したところ私たちと縁遠いところで動いているように思われるかもしれない。しかし温暖化関連条約がその典型であるように，今日では産業活動や都市生活のあり方など，従来各国の国内問題として考えられてきた私たちにとって身近な事柄が，条約などの規律の対象とされるようになってきている。さらに温暖化に関していえば，そこでは科学的に不確実なリスクが相手である。このようなリスクに社会でいかに対処していくかという問題は，専門家だけで単純に決められるものではなく，結局のところ私たちが社会的な合意を形成していく他ない。もちろん端的に温暖化が心配であるということもあるかもしれないが，以上のようなことからしても，「ポスト京都」問題はやはり私たちが無関心ではいられない問題であろう。

近年の国際法の形成・実施のプロセスをみてみると，外交官や政府関係者といった人々のみならず，NGO が関与する機会も増えてきている。例えば締約国会議などの国際交渉の場には，NGO もオブザーバーとして参加が認められるようになってきており，意見表明の機会を与えられるようになっている。温暖化関連条約の締約国が果たすべき説明責任も，もはやたんに他国の政府代表を相手にするものではなく，少なくともこうした団体にも向けられるようになっている。私たちはこうした NGO の活動に参加したり，それを支援することができるという意味においては，かつてに比べて国際条約の形成・運用に関与する途が開かれている。またそこまで積極的に関わらなくても，国際交渉や温暖化関連条約の運用に関する情報は，報道を通じてのみならず，条約機関や政府，NGO などの HP において今日比較的容易に入手できるようになってきている。常日頃からそうした動向に関心をもち，自ら批判的に考える姿勢をもつということが，国際法の可能性を活かすための第一歩といえるかもしれない。

[引用・参考文献]

EDMC. 2008. Handbook of energy & economic statistics in Japan, 2008. 368 pp. The Energy Conservation Center, Japan.

Gupta, J. 2007. International law and climate change: the challenges facing developing countries. Yearbook of International Environmental Law, 16: 119-154.

堀口健夫. 2002. 予防原則の規範的意義. 国際関係論研究, 18：55-88.

小森光夫. 1998. 国際公法秩序における履行確保の多様化と実効性. 国際法外交雑誌, 97(3)：1-42.

松井芳郎. 2004. 国際法から世界を見る―市民のための国際法入門, pp. 271-293. 東信堂.

Rajamani, L. 2007. The nature, promise and limits of differential treatment in the climate regime. Yearbook of International Environmental Law, 16: 81-118.

Rodi, M., Mehling, M., Rechel, J. and Zelljadt, E. 2007. Implementing the Kyoto protocol in a multidimensional legal system; lessons form a comparative assessment. Yearbook of International Environmental Law, 16: 3-79.

高村ゆかり・亀山康子(編). 2005. 地球温暖化交渉の行方―京都議定書第一約束期間後の国際制度設計を展望して. 409 pp. 大学図書.

臼杵知史. 2007. 京都議定書の遵守手続―遵守確保の方法を中心に. 同志社法学, 59(4)：2274-2259.

第7章 2050年日本低炭素社会実現の見通し

国立環境研究所／甲斐沼美紀子

1. 21世紀は低炭素社会へ

　頻発する豪雨被害や猛暑日の増加，氷河の大幅な減少など，IPCC(気候変動に関する政府間パネル)がかつて予測した事象が，予想以上に早く観測されており，国際社会は低炭素社会への移行を真剣に検討する必要に迫られている。

　日本人は移動や冷蔵，空調などのサービスを提供する機器をエネルギーを使って動かし，呼吸によって出している約30倍もの二酸化炭素を大気中に出している。では，サービス機器の使用を止めればよいかというと，それだけでは問題は解決しない。

　医療や食糧，快適な居住空間など，エネルギー消費量の増加によって向上してきたサービスはたくさんある。現状のエネルギー源やエネルギー効率をそのままに，化石燃料の消費を，現状の3割程度だった1960年代に直ちに戻すことは，他の深刻な問題を生じさせる可能性がある。気候変動に関する国際連合枠組条約では「気候系に対して危険な人為的干渉を及ぼすこととならない水準において，また経済開発が持続可能な様態で進行することができるような期限内」で大気中の温室効果ガスの濃度を安定化させることとしている。現状の生活レベルを維持しながら，気候の安定化のための大幅な温室効果ガスの削減は可能なのか。

　2008年7月に開催されたG8北海道洞爺湖サミットでは，長期目標として，

「2050年までに世界全体の温暖化ガス排出量を少なくとも50％削減するとの目標を，世界全体の目標として採用することを求めるとの認識」で一致した。

欧米の主要国ではすでに，2050年までに60〜80％の温室効果ガスの削減目標を設定している。先進国は1990年の排出量に比べて，2020年までに25〜40％の，2050年までに80〜90％の温室効果ガス排出量を削減する必要があるとの指摘もある(Den Elzen and Meinshausen, 2006)。

京都議定書で規定されている日本の削減義務は1990年比6％であるが，これは第一歩であり，日本は2050年までにおよそ60〜90％近くの排出削減が必要である。これができないと我々の社会は気候変動により多くの被害やリスクを負うことになる。

2. 日本が70％程度の削減を必要とする理由

国立環境研究所が中心となって行った「脱温暖化2050プロジェクト」では2050年における日本の排出削減必要量を，1990年の排出量の70％とすることを目標においた。日本がいつどのような削減をしなければならないのかは，まず世界がどのような道筋で削減するか，そのうち日本がどれだけ分担するのが妥当か，ということで決まる(西岡, 2008)。

分担を決める主要な要素として，危険なレベルの判断，世界の排出削減の道筋，日本の妥当な国際分担の3つがある。

まず，危険なレベルの判断であるが，世界が工業化する以前の気温に比べて2℃以上の世界平均気温上昇を避けるというのがひとつの判断である。3℃以上の気温上昇を容認した場合，農業などの分野において世界の多くの地域において悪影響が増大すると見込まれており，特に脆弱な地域においては無視できない数の死亡増加まで見込まれる。また，排出削減費用に関する専門家の意見を参考にすると，気温上昇を1℃以下に抑えるという目標を達成するためには，排出削減費用は甚大となり，現在の知見では，対応は難しい。

世界の気温上昇を工業化以前の気温と比較して，2℃以下に抑えるためにはどのような排出削減パスが必要であるかについて，AIM/Impact[Policy]

を用いて分析した(気候感度を2.6℃で計算。ただし最新の最良推定3℃を使うとさらに厳しい目標となる)。その結果，1990年比で2050年までに約50%削減することが必要であると推計された(蟹江，2008)。

では，日本の妥当な国際分担を決めるにはどのようなアプローチがあるのか。今後化石燃料使用を抑制し，1次エネルギー源を再生可能エネルギーに置き換えるにしても，発展段階や人口などによって国際分担を決める基準は複数考えられる。現在，提案されている国際分担を決めるアプローチには，1人当たり排出量を特定年までに等しくさせるもの(収縮と収斂：C&Cと呼ぶ)，C&Cで途上国は閾値まで排出後削減に取り組むもの，気温上昇への歴史的寄与度に応じて排出削減を行うもの(ブラジル提案)，GDP当たり排出量を特定年までに等しくさせるものなど多々ある。これらの指標を勘案すると，日本の温室効果ガス排出削減量は，目標が2℃(気候感度2.6℃)の場合，約68〜88%となる。このうち，70%削減について詳細に検討した。

3. 低炭素社会シナリオ検討手順

今後，半世紀の間に社会は変化する。変化の幅は大きく，場合によっては低炭素社会の実現は不可能かもしれないし，可能でも，社会変化に対応した何らかの準備が必要である。将来の不確実な要素を考慮して，低炭素社会実現の方策を検討するアプローチとして，バックキャスティングという手法がある。バックキャスティングとは，望ましい社会像をまず描き，そこに向かって，未来からの要請を実現するために，今からどのような手を打っていけば良いかを探る手法である。反対に，現時点で取りうる手段を考えて，どこに行こうかと将来を眺めるのがフォアキャスティングである。

低炭素社会シナリオを描く手順としては，①日本社会が2050年に向けてどのような方向に進むかについて，幅をもった将来像(例えば経済発展・技術志向のシナリオA，地域重視・自然志向のシナリオB)を想定し，ブレーンストーミングによって，それらふたつの社会を定性的に描く(叙述ビジョン)。②シナリオA，Bそれぞれの社会像で家庭生活(時間の使い方，どのようなサービスを必要とするか)，都市・交通形態(どのような都市・住宅に住んでいるか，移動が必要か)，産

業構造(多部門一般均衡モデルを用い構造変化を推定)を定量化し，その想定下でのエネルギーサービス需要(例えば冷房何カロリー，給湯何リットル，粗鋼生産何トン，貨物輸送量何トン・キロなど)を推計する。次いで，③それぞれの社会における経済・社会活動を支え，かつ，温室効果ガス排出量70％削減を満足させるエネルギーサービス需要と，エンドユース・エネルギー技術(エアコンや断熱，給湯機，製鉄プラント，ハイブリッド自動車など)，供給エネルギー種類，エネルギー供給技術の組み合せを，エネルギー供給可能量，経済性および政策的実現性を考慮して探索し，エネルギー需要・供給技術の種類のシェアを同定する。そして，そのときの1次および2次エネルギー量と二酸化炭素排出量を推計する。

4. 70％削減した日本低炭素社会の姿

2050年の将来像にはどのようなものがあるか。人々はどのような社会に生きたいのか。人々が想像する将来社会のあるべき姿はそれぞれに異なる。すべての人に受け入れられる将来像は存在しえないから，描かれる将来像は一般に複数となる。ここではふたつの社会像，シナリオAとBを紹介する。

国土・都市のシナリオ

シナリオA(活力，成長志向型)は，活発な，新技術の投入の速い，技術志向の社会であり，シナリオB(ゆとり，足るを知る型)は，ゆったりでややスローな，自然志向の社会である。こうした設定や指標の推移は，従来のさまざまな日本社会長期将来見通しと大差なく，諸想定の範囲内に収まっている。実際には，この両シナリオが調和しながら混在しつつ進行するものと思われる(表1)。

シナリオAでは1人当たりGDPの成長率を年率2％に，シナリオBでは1％と想定しているが，エネルギー消費に直結するサービス(暖房や移動，オフィス環境など)は，利用する人々の姿を想像しながら，現状よりも適度に向上する程度に設定した。つまり，24時間冷暖房がつけっぱなしの住宅や人々がどこでも好きなところに住むことで多くの長時間の移動が発生するよ

表1 国土・都市のシナリオ(「2050日本低炭素社会」シナリオチーム, 2008a より)

キーワード	シナリオ A	シナリオ B
国内人口移動 人口減少社会の下あらゆる地域で人口減少	都市居住選好志向や利便性・効率性の追求から都心部への人口・資本の集中が進展。	ゆとりある生活を求めて，都心から地方・農山村への人口流出が進み，人口や資本の分散化が進展。
都心部　中心	土地の高度利用（高層化，地下化）が進む。職住近接が可能になり，郊外から利便性が高い中心部に移り住む人々の比率が増加。	自らのライフスタイルに合った地域に移り住む人が増加し中心部の人口減少。首都など主要都市においては適正な規模と密度が維持されており，過度なインフラ投資は行わない。
郊外	都心部へ人口が流出するが，計画的で効率の良い都市計画により，アミューズメント施設や自然共生地を適切に配置。	地方への人口・資本流出が大幅に進む。この結果，都市部郊外というよりは独立性高い都市としての再生が図られる。
地方都市　中心	人口が大幅に減少するため，中核都市としての機能を果たせない都市が増加するが，土地や資源を利用したビジネス（大規模農業，発電プラントなど）の拠点として再生される都市もあらわれる。	地方においても十分な医療サービスや教育を受けることが可能になり，人口の減少がある程度抑制される。地域の独自性や文化が前面に出され，活気ある地方都市が数多くあらわれる。地域社会の意思決定の過程には，NGOや市民が積極的に参加し，理想の地域を自らつくる意欲に満ちあふれている。
農地・山間	農地，山間部においては過疎化が進展し，人口が大幅に減少する。このようななか，地域の特性に応じて，土地資源の効率的な利用に向けた取り組みが進められる。農業・林業・漁業などは民間会社などによって大規模経営され，機械化などによって大幅に省力化されるなか，ヒト・モノ・カネといった資源の効率的な利用が進む。一方で，国立公園に指定される地域も増加する。	農業や林業に対する魅力性が高まり，農村や山村への人口回帰が進む。低い地価を利用した個人経営・地域経営のもと，工夫を凝らした「おもしろい」農業・林業を営む人もあらわれる。農業を職業として営む人のみならず，自然が豊かな地域に自宅とホームオフィスを構え，SOHO によって収入を得ながら，自ら家庭菜園を営み，おいしく，安全な食と健康的な生活を求める家族もあらわれる。

うな都市構造など，過度なサービスの供給は想定していない．

人口・世帯の推計

人口は，2000年に1億2,700万人だったのが，少子高齢化の継続により2050年にはシナリオAで9,500万人，Bで1億人まで減少する．世帯数は，高齢者や未婚者などの単身世帯の割合が増加するため，1世帯当たりの構成員が減少するため，減少率は人口より小さくなると推計した．2000年で4,700万世帯が，2050年には，シナリオAで4,300万世帯，Bで4,200万世帯になる（表2）．

産業構造の推計

エネルギー多消費産業である鉄やセメントの国民1人当たり生産量は，現在，欧米先進国の2倍程度である．公共事業は鉄やセメントに対する需要が大きいが，2050年になると公共事業は一巡し，新規需要が大幅に減少すると想定した．また，アジア地域の需要に対しては，日本企業による現地生産が増加すると想定した．これによって，2050年の日本の粗鋼生産量は6,000～7,000万トン，セメント生産量は約5,000万トン程度になり，国民1人当たり生産量は概ね欧米先進国レベルになる．シナリオA，Bに共通して，サービス業の進展，電気機械・輸送機械産業の増加，エネルギー多消費型産業の縮小がみられ，これは従来の諸見通し（内閣府, 2005）などと大差ない．また，活発社会（シナリオA）での，商業などのサービス業，電気機械・輸送機械などの製造業の伸びが顕著である．

5. 低炭素社会実現の可能性

現状のサービスレベルを確保・改善しながら，合理的な利用でエネルギー需要を削減しつつ，供給において低炭素エネルギーを選択することで，二酸化炭素排出量を70%削減できるかどうかを検討した（「2050日本低炭素社会」シナリオチーム, 2008a）．

表2 人口・世帯の将来トレンド想定(西岡，2008 より)

	シナリオA	シナリオB
出生率	競争社会を勝ち抜くため、20〜30歳代は自己鍛錬に注力する。結婚生活は自分の時間を奪うものと考える人が多く、晩婚化・未婚化の傾向は変わらない。その結果、出生率は人口研・低位ケース程度で推移する。	ワークシェアリングの導入により労働時間は短縮される。仕事関係以外のコミュニティを大切する人が増える。時間にゆとりができ、また、さまざまな人に出会う機会も増え、晩婚化・未婚化の傾向に歯止めがかかる。その結果、出生率は人口研・中位ケース程度で推移する。
外国人居住者	政府は外国人労働者を積極的に受け入れる環境を整備する。また、国民の意識も外国人労働者に対して好意的になる。2050年には全人口の約10％程度を外国人が占める。純入国者数は年間18万人程度。	外国人労働者を受け入れる環境は整備されるものの、Aシナリオほどは外国人労働者は増加しない。2050年には全人口の約5％程度を外国人が占める（人口研想定程度）。純入国者数は年間10万人程度。
日本人	グローバル化の進展により、海外企業・研究機関への就職・転職、海外拠点の転勤、海外留学が増加し、Bシナリオの2倍程度の日本人が海外に出国する。純出国者数は年間4〜6万人程度。	日本人の海外出国は現状程度（人口研想定程度）である。純出国者数は年間2〜3万人程度。
生残率	（人口研*想定程度）	（人口研*想定程度）
都道府県人口分布	2010年以降、東京圏への一極集中が是正され、大都市圏・中核市圏を有する県に人口が集中する。人口集中地域の純移動率は、東京、大阪、愛知では＋1.5％/5年間、周辺県および宮城、広島、福岡では＋0.5〜1.0％/5年間。	2015年以降、第一次産業の復権、地方居住志向の高まりにより、東京圏へ集中していた人口移動とはまったく逆のトレンドが生まれる。三大都市圏や宮城、広島、福岡では人口の純移動率はマイナスになる。その他の県では純移動率はプラスに転じる。
県内人口分布	人口減少の局面においてコンパクトシティが形成されるように各種誘導が行われる。結果として、各都道府県内における都市地域人口の比率は1995〜2000年における増加傾向のまま推移する。	第一次産業の復権、地方居住志向の高まりにより、各都道府県内における都市地域・農村地域・中山間地域の人口比率が2020年代中ごろをターニングポイントとして2050年には2000年水準に戻ると想定。
世帯主率	出生率と同様の背景により核家族化傾向に歯止めかからず。	出生率と同様の背景により核家族化傾向に歯止めがかかる。

* 国立社会保障・人口問題研究所

低炭素社会の需要側技術選択

シナリオA, Bのそれぞれにおいて, 2050年の時間断面で推計された産業構造下で各種生産を行うための技術を, 約600の技術リストから選択した。個別技術の進歩見通しは「技術戦略マップ(エネルギー分野)～超長期エネルギー技術ビジョン」(経済産業省, 2005)などを参考にした。そして, それらの技術を稼働させるために必要なエネルギー需要量を2次エネルギー形態(電力, 液体, ガス, その他)で推計した。

ふたつの社会でのサービス需要を満足させるための必要エネルギー量を集計して, 2000年のエネルギー需要から, 4割程度削減したエネルギーで, 生活レベルを維持できると推計された(図1)。各部門別のエネルギー需要量削減率(2000年比)は, 以下のように見積もられる。幅は, 想定した2050年社会のシナリオによる差である。

産業部門：構造転換と省エネルギー技術導入などで30～40%
運輸旅客部門：適切な国土利用, エネルギー効率改善, 炭素強度改善などで80%
運輸貨物部門：物流の高度管理, 自動車エネルギー効率改善などで50%
家庭部門：建て替えに合わせた高断熱住宅の普及と省エネ機器利用などで40～50%
業務部門：高断熱ビルへの建て替えと省エネ機器導入などで40%

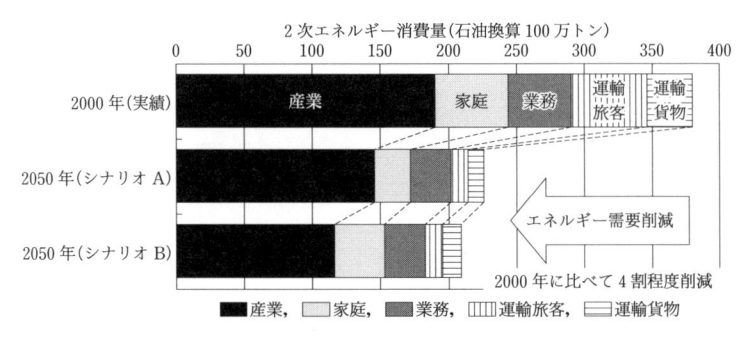

図1 70%削減を可能にするエネルギー需要削減(「2050日本低炭素社会」シナリオチーム, 2008aより)

部門別では運輸，家庭部門でのエネルギー需要削減がかなり可能であるのに比して，産業での削減が小幅にとどまっている。これは，国際競争にさらされている産業では安価なエネルギー源に頼り，化石燃料の利用量を大幅に削減することが難しいことや，産業プロセスの変更が難しいことなどによる。

供給側低炭素エネルギー源の選択

形態別の2次エネルギー需要を満足し，かつ1次エネルギー供給制約範囲内で，供給側エネルギーの組み合せを選択する必要がある。経済性のみならず，技術進歩の確実性，社会受容性などを考慮して，叙述シナリオの文脈に合うように選択する。経済成長を担保しながら，さまざまなイノベーションによって2050年に必要となるエネルギー需要量は2000年に比べて6割程度になると推計したが，さらに供給側のエネルギーを適切に選択することによって70％削減は可能となる。

エネルギー供給源の選択に当たっては，エネルギー安全保障や気候安全保障を踏まえた国の長期的なエネルギー政策の立場に立ち，専門家の判断を仰ぎながら，経済性のみならず，技術進歩の不確実性，社会受容性などを考慮して想定した叙述シナリオの文脈にある複数のエネルギー供給構造を検討する必要がある。

さまざまな組み合せのなかで，シナリオAは原子力，二酸化炭素回収・貯留(CCS)や水素などの集中型エネルギー技術による脱炭素化が，シナリオBでは太陽光や風力，バイオマスなど比較的規模の小さい分散型エネルギー技術による脱炭素化が進むようなエネルギー供給になると想定できる。

6. 70％削減は社会システム改革と技術革新の融合で可能

サービス需要，エネルギー供給構造を検討することにより，2050年時点にて，A，B両シナリオが想定するいずれの社会においても，技術イノベーションの選択により二酸化炭素を70％削減することが可能な社会を描くことができる。ただし，需要の削減，適正技術の選択，国土利用の変革から個人のライフスタイル変革まで，社会システムに関連する多くの方策が，技術

進歩と組み合さって，初めて削減が可能である．

シナリオA，Bともに，2050年のGDPは2000年に比べて2倍と1.3倍に増加すると想定しているが，適切なインフラ整備，産業構造転換に加え，エネルギー技術進歩などのイノベーションによって，サービスレベルを低下させずにエネルギー需要を2000年に比べて40％削減することは可能であり，さらに供給側の低炭素化によって1990年比で二酸化炭素排出量の70％削減は可能である．

シナリオAでは，家庭・業務や産業，運輸での高効率機器の導入など需要側のエネルギー効率改善と，原子力や水素エネルギーなどの供給側での低炭素エネルギー利用の効果が大きい．一方，シナリオBでは，運輸や家庭・業務でのバイオマス利用や太陽エネルギーの利用などのエネルギー需要側での低炭素エネルギー利用の効果が大きい．

図2はシナリオAにおける削減要因ごとの削減量の推計を示したものである．シナリオAでは活動量変化による需要の変化は6 MtC(炭素換算100万トン)の減と推計される．また，高断熱住宅の普及，土地の高度利用，都市機能の集約などにより，さらに21 MtCの需要の削減が可能である．産業部門での高効率ボイラーやモータの利用，家庭・業務(民生)部門での高効率ヒートポンプエアコン，高効率給湯器・照明の普及，運輸部門での電気自動車や燃料電池自動車の普及などエネルギー効率を改善することにより90 MtCの削減が可能である．また，今までのガソリン自動車を二酸化炭素排出量の少ない電気(再生可能エネルギーや原子力など炭素排出の少ないエネルギー源からつくられた電気)で動く自動車に置き換えたりすることでエネルギー消費量当たりの二酸化炭素排出量(炭素強度)を減らすことができる．

エネルギー転換部門においては，低炭素エネルギーへの燃料転換，夜間電力の有効利用，再生可能エネルギー由来の水素の供給などによる炭素強度改善によって，41 MtCの削減が可能である．

一番下の炭素隔離貯蔵とは，二酸化炭素が大量に出てくる火力発電所などで二酸化炭素を回収し，これを地下や海底に隔離貯留する技術であり，これによる削減が36 MtCと推計される．この技術には，貯留のために必要となる追加エネルギーや生態系に与える影響などの問題があるが，将来，再生可

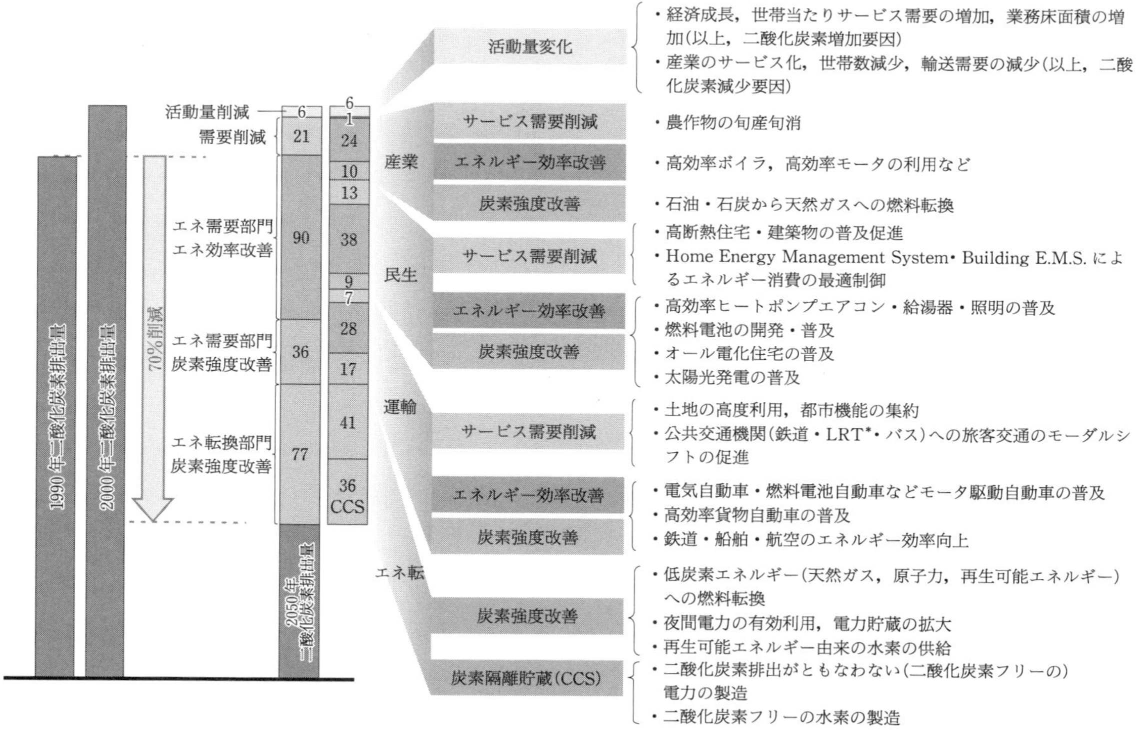

図2 削減要因ごとの集計(シナリオA)(「2050日本低炭素社会」シナリオチーム、2008aより)

* Light Rail Transit：低床式車両(LRV)の活用や軌道・電停の改良による乗降の容易性、定時性、速達性、快適性などの面で優れた特徴を有する次世代の軌道系交通システムで2006年4月現在わが国の17都市で運用(国土交通省ホームページより)。

能エネルギーなどが本格的に普及する前の，つなぎの技術として位置付けられている。

以上の対策を総合することにより1990年の排出量に比べて70%削減することが可能となる。

7. 低炭素社会に向けた12の方策

70%削減を2050年に実現するには，どの時期に，どのような手順で，どのような技術や社会システム変革を導入すればよいのか，それを支援する政策はどのようなものがあるかを，検討することが重要である。「2050日本低炭素社会」シナリオチームでは，これを12の方策としてまとめた(「2050日本低炭素社会」シナリオチーム，2008b)。

ある対象分野での低炭素化を進めるために取った技術的対策，社会制度改革，推進施策の効果は，その分野だけにとどまらず，他の対象分野の低炭素化を進めるものともなる。例えば，家庭・オフィスを対象にした低炭素化では，直接には高断熱住宅の普及や太陽エネルギー利用が有効であるが，エネルギー供給側の低炭素化や自然エネルギー利用促進も寄与する。逆に，自然エネルギー推進には家庭などでの利用場面拡大が必要である。「見える化」の促進や環境教育は，すべての施策を下支えする。また，削減に向けては，いくつかの技術的社会的障壁があり，順序だった手順で時間をかけてそれらを取り除いてゆく必要がある。こうした相互関係を念頭に置きながら，効果の大きさを勘案してほど良いくくりでまとめたものが，ここでいう「方策」である。

モデル研究から得られた効果的削減可能分野を主対象として，その分野で取りうる対策とそれを推進する政策を組み合せた12の方策を，有識者の意見を加えて構成した(表3)。主な対象分野としてみれば，1，2は住宅オフィス系，3，4は農林業，5は産業，6，7は運輸系，8，9，10はエネルギー供給系，11，12はすべての分野を横断する方策といえよう。

なお，炭素税や排出量取引のような分野横断的に効果をもつ経済的手法は，一部の方策のなかにおいて政策として組み込まれているが，方策そのものと

表3 低炭素社会に向けた12の方策(「2050日本低炭素社会」シナリオチーム，2008bより)

方策の名称	説明	二酸化炭素削減量
1. 快適さを逃さない住まいとオフィス	建物の構造を工夫することで光を取り込み暖房・冷房の熱を逃さない建築物の設計・普及	民生分野 シナリオA：56 MtC シナリオB：48 MtC
2. トップランナー機器をレンタルする暮らし	レンタルなどで高効率機器の初期費用負担を軽減し物離れしたサービス提供を推進	
3. 安心でおいしい旬産旬消型農業	露地で栽培された農産物など旬のものを食べる生活をサポートすることで農業経営が低炭素化	産業分野 シナリオA：30 MtC シナリオB：35 MtC
4. 森林と共生できる暮らし	建築物や家具・建具などへの木材積極的利用，吸収源確保，長期林業政策で林業ビジネス進展	
5. 人と地球に責任をもつ産業・ビジネス	消費者の欲しい低炭素型製品・サービスの開発・販売で持続可能な企業経営を行う	
6. 滑らかで無駄のないロジスティックス	SCM* で無駄な生産や在庫を削減し，産業でつくられたサービスを効率的に届ける	運輸分野 シナリオA：44 MtC シナリオB：45 MtC
7. 歩いて暮らせる街づくり	商業施設や仕事場に徒歩・自転車・公共交通機関で行きやすい街づくり	
8. カーボンミニマム系統電力	再生可能エネ，原子力，CCS[*2] 併設火力発電所からの低炭素な電気を，電力系統を介して供給	エネルギー転換分野 シナリオA：95 MtC シナリオB：81 MtC
9. 太陽と風の地産地消	太陽エネルギー，風力，地熱，バイオマスなどの地域エネルギーを最大限に活用	
10. 次世代エネルギー供給	水素・バイオ燃料に関する研究開発の推進と供給体制の確立	
11.「見える化」で賢い選択	二酸化炭素排出量などを「見える化」して，消費者の経済合理的な低炭素商品選択をサポートする	横断分野
12. 低炭素社会の担い手づくり	低炭素社会を設計する・実現させる・支える人づくり	

右欄の数値はシナリオAおよびBに12の方策を適用させたときの二酸化炭素排出削減可能量．
* Supply Chain Management の略語．商品の生産・物流・販売までの業務を管理する手法
[*2] 炭素隔離貯蔵

しては挙げていない．経済的手法を追加することによって，価格効果が入れば12の方策は全体としてさらに効果を発揮するものと考えられる．また，公共事業，資本市場など社会資本整備は，低炭素社会に向けて適切になされていることが前提となっている．

図3は12の方策による削減効果を示している．ここでは，各方策のカバーする範囲とそれらの相互関係を示し，シナリオごとの部門別要因別二酸化炭素削減量の集計値を示している．ひとつの方策は複数要素や複数部門の削減に寄与するが，同様にひとつの部門・要素別の削減には複数の方策が寄与している．

削減可能量は，方策ごとではなく，横断的な対策ごとに集計している．それらをさらに，エネルギー需要側/エネルギー転換側別，あるいはサービス量変化/エネルギー効率改善/炭素強度改善といった対策別，あるいは産業/民生/運輸/エネルギー転換といった部門別に再集計している．図3に示される230 MtCは，2000年のCO_2排出量に対して2050年70%削減を実現するために必要な削減量である．

例えば，縦方向に見ると，方策1「快適さを逃さない住まいとオフィス」は，産業部門によって開発された対策が，民生部門で普及されることで暖房や冷房のエネルギー消費にともなう二酸化炭素排出量が削減される．そこで産業部門は間接的な削減に寄与しているが，直接的な削減は民生部門で行われるとした．そして，方策1と2が一緒に行われることで民生部門の二酸化炭素排出量が48〜56 MtC削減されると推計した．横方向に見ると，主に方策1〜7と方策11によって民生部門の需要削減における13〜14 MtCの二酸化炭素削減とエネルギー効率改善における16〜38 MtCの二酸化炭素削減が実現されるが，方策1，2，5，11が直接的な削減に寄与し，残りの方策3，4，6，7は間接的に寄与するとした．なお，方策4「森林と共生できる暮らし」では，鉄やセメントを代替することで二酸化炭素削減に寄与するが，その削減効果は「活動量変化」に計上している．

以上のようにして，12の方策を組み合せることにより，2050年70%削減は可能である．産業部門では30〜35 MtC，民生部門では48〜56 MtC，運輸部門では44〜45 MtC，エネルギー転換部門では81〜95 MtC，活動量の

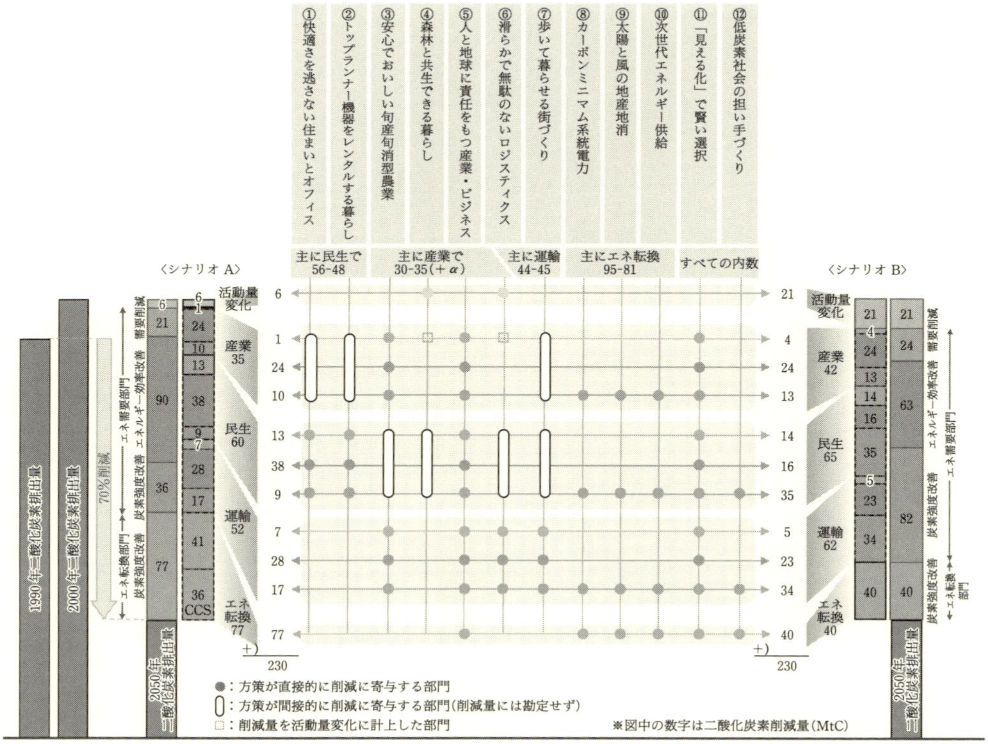

図3 低炭素社会に向けた12の方策による二酸化炭素削減効果
(「2050日本低炭素社会」シナリオチーム, 2008bより)

変化により6〜21 MtCの削減が見込まれる。削減の分担は，概ね産業13〜15％，民生21〜24％，運輸19〜20％，エネルギー転換35〜41％となった（活動量変化の分担は3〜9％）。

8. 家庭・オフィス，移動，産業における各方策の役割

12の方策が低炭素な家庭・オフィス，移動，産業の実現にどのように役立ちうるかを示す。各分野において二酸化炭素排出量を直接削減するのに有効な方策だけでなく，間接的に寄与する方策の役割についても検討している。

家庭・オフィスにおける方策

家庭やオフィス内では，快適で効率的な生活や仕事を行っていくために多くのエネルギー機器が稼働しており，大きな二酸化炭素排出源となっている。

エネルギー負荷を大幅に低減するためには，建物内の冷気・暖気を逃さず，太陽エネルギーや自然風を建物内に取り込むように設計することが重要である。そのような建築物を普及させるためには，導入主体の経済的負担を低減するための施策を実施するとともに，建築物の環境性能評価制度やラベリング制度を導入することが有効である。建築物の高断熱化は，室内の温度差を小さくし，また，放射熱などを利用した質の高い暖房を供給することが可能となるので，超高齢化社会にふさわしい方策ともいえる(方策1, 5)。

個々のエネルギー機器について，徹底的に効率を改善することも二酸化炭素削減に貢献する。そのためには，現状のトップランナー制度の対象範囲をすべてのエネルギー機器として数年ごとに目標の更新を実施し，優秀な技術を開発した主体に対する報奨制度を導入することが考えられる(方策2, 5)。

しかし，効率が大幅に改善された機器が開発されても，利用者が積極的に導入を進めないことには普及が進まない。そこで，温室効果ガスの排出に関する正しい情報をいつでもどこでも入手できるような「見える化」の制度・インフラの仕組みや，それを適切かつわかりやすく伝えるナビゲーションシステムの整備を行うことで，低炭素化に向けた消費行動を促すことができる。また，サービスや財の生産時の温室効果ガス排出量を間接的に削減すること

にもつながる(方策11, 12)。

　野菜や果物などの食糧品について，旬のものを選ぶことで，間接的に農作物の生産に要するエネルギー消費量が削減できる(方策3)。また，建築物に対して鉄やセメントでなく，林産材を積極的に活用することで生産時に多量のエネルギーを必要とする素材の消費を削減することができる(方策4)。

　これらに加えて，地域の太陽エネルギーやバイオエネルギーを積極的に活用し，低炭素な電力を購入することで排出量の大幅削減が可能になる(方策8, 9, 10)。

移動における方策

　移動では，自動車や公共交通機関による人の移動，また，トラックや船舶などによる物の輸送によって，温室効果ガスが排出される。

　住居，オフィス，商業施設を中心市街地に集約することによって，人の移動量を削減し，それにともなう二酸化炭素の排出を削減することができる。そのためには，自動車社会から脱却し，歩いて暮らせる街の魅力について市民が十分に理解し，市民と自治体が一体となって，低炭素の観点を十分に考慮した土地利用計画を策定することが必要である。これを実現すると，バス，鉄道，LRTなどの公共交通機関の競争力が高まり，これらの整備を実施することができる。一方，集約度が低い地域では現在と変わらずに自動車が主要な移動手段であろうが，動力源をエンジンから電動モーターへシフトさせ，車両を軽量化することで，大幅なエネルギー効率改善が達成され二酸化炭素削減が実現できる(方策7, 12)。

　企業は，製品のライフサイクル(製造 – 物流・販売 – 消費 – 廃棄)において低炭素化を徹底的に進めていく。サプライチェーンのすべての段階で，需要と供給を同期化し，効率的な生産・輸送を行うことによって無駄な生産を省き，生産・輸送時のエネルギー消費を削減することができる(方策5, 6)。

　また，物流を低炭素化するには，鉄道や船舶など大量輸送手段に関するインフラを整備することが必要である。港湾や鉄道網の整備，輸送機器の効率改善などによって輸送の能力を向上させるための各種支援を行うとともに，荷捌き拠点での受け渡しがスムーズになるような制度やインフラの整備が重

要である(方策6)。

　移動で消費されるエネルギーについては，高効率自動車のエネルギー源として，地域の太陽エネルギーや風力の積極的な活用や低炭素な電力の購入により排出量の大幅削減が実現できる。また，水素燃料電池自動車の導入，バイオ燃料の利用を進めることも低炭素化に貢献する(方策8, 9, 10)。

　効率的な移動手段が整備されても，利用者が積極的にそれらを選択しなければ，低炭素化は進まない。時刻表や運賃などの，移動にともなう必要な情報と温室効果ガス排出量をいつでもどこでも入手できるような仕組みが整備されれば，低炭素な交通手段を積極的に選択できるようになる(方策11, 12)。

産業における方策

　企業は，製品のライフサイクル(製造 – 物流・販売 – 消費 – 廃棄)において低炭素化を徹底的に進めることが必要である。

　高度情報通信技術によるサプライチェーンの徹底した管理を行うことにより，無駄な生産を省き，生産時のエネルギー消費を削減することができる(方策6)。

　政府が投資や税制などの経済的な優遇措置を施すことは，トップランナー機器の絶え間ない開発・普及を目指す企業を後押しする。消費者にサービスのみを提供するリースを中心とするビジネスモデルにシフトさせることで，企業の責任においてつねに効率の良い状態で稼働できるような維持管理が行われ，資源回収を考慮した製品設計がしやすくなる(方策1, 2, 5, 11)。

　農家は安全でおいしい旬の農作物を生産して二酸化炭素に関する情報を開示することで，消費者の選択を促すことができる(方策3, 11)。林業では徹底した合理化により，エネルギー多消費の鉄やセメントに対して林産物の競争力を高めることで，エネルギー消費の削減のみならず，吸収源の確保，生態系サービスの維持・向上に貢献することができる(方策4)。

　エネルギーは，再生可能エネルギー，原子力，CCSを併設した火力発電などによるゼロカーボン電力や，水素，バイオ燃料を利用することでさらなる低炭素化が期待される(方策8, 9, 10)。

　低炭素社会づくりに資する人材を育てる学校教育カリキュラムの実践，低

炭素アドバイザー資格制度の確立などの施策によって，企業活動の低炭素化を実践する人材を増やしていくことも重要である(方策12)。

9. 低炭素社会に向けた取り組み

　世界は今，20世紀のエネルギー多消費文明から転換し，いかに少ないエネルギーで豊かな生活を実現するかに挑戦する，低炭素革命ともいうべき，新たな転換期にきている。日本で低炭素社会を実現できることを示すことが，アジア，そして世界の低炭素社会実現に大きく貢献する。
　「2050日本低炭素社会」プロジェクトでは，2050年に70％削減するという目標達成のために，2050年からさかのぼって，今，そしてこれから何をしてゆかねばならないかを検討するバックキャスティングの手法を使って，日本の低炭素社会の姿を描いた。
　2050年の社会でどのようなエネルギー利用(あるいは二酸化炭素排出)になっているかを描くことから出発し，そのような姿を実現するためにはどのような行動・技術選択，社会改革をなさねばならないか，そしてそのためにどのような政策・手段をとることが考えられるかを「方策」としてまとめた。将来の技術進歩などを考えると対策は遅い方が経済的に有利である，という議論があるが，必要な社会インフラの形成には時間がかかり，一気に実現しようとすると資源，資金，労働力の制約が生じかえって経済的に不利になる可能性が高い。
　気候変化への対応は，明確な目標に向かって，順序立てた整合性ある政策展開が必要であり，効果的である。12の方策は二酸化炭素を削減するひとつの処方箋である。処方箋はこれひとつではなく，また，多くの人が関わって初めて実現できるものである。
　最後に，今回検討した70％削減が可能な2050年の社会像や，そこに至る道筋を示す処方箋がひとつの土台となり，低炭素社会に向けた取り組みが進展することが期待される。

謝辞

環境省地球環境研究総合推進費(S-3：脱温暖化2050プロジェクト)の成果を中心に紹介した．ここに記して研究参画者およびプロジェクト支えて下さった方々に感謝する．

[引用・参考文献]

Den Elzen, M.G.J. and Meinshausen, M. 2006. Multi-gas emission pathways for meeting the EU 2℃ climate target. In "Avoiding Dangerous Climate Change" (eds. Schellnhuber, H.J., Cramer, W., Nakicenovic, N., Wigley, T. and Yohe, G.), pp. 299-309. Cambridge University Press.

蟹江憲史. 2008. 国際分担－欧州諸国はすでに60％以上削減の目標設定. 日本低炭素社会のシナリオ(西岡秀三編), pp. 20-21. 日刊工業新聞社.

経済産業省. 2005. 技術戦略マップ(エネルギー分野). http://www.meti.go.jp/press/20060428011/20060428011.html

内閣府(編). 2005. 日本21世紀ビジョン. 303 pp. (独)国立印刷局.

「2050日本低炭素社会」シナリオチーム. 2008a. 2050日本低炭素社会シナリオ－温室効果ガス70％削減可能性検討. 環境省地球環境研究総合推進費研究チーム報告書. http://2050.nies.go.jp/index.html

「2050日本低炭素社会」シナリオチーム. 2008b. 低炭素社会に向けた12の方策. 環境省地球環境研究総合推進費研究チーム報告書. http://2050.nies.go.jp/index.html

西岡秀三(編). 2008. 日本低炭素社会のシナリオ. 195 pp. 日刊工業新聞社.

国際政治から考える温暖化の20年

第8章

朝日新聞社/竹内敬二

1. 気候変動論争は「寒冷化説」で始まった

　温暖化が国際政治課題にのぼったのは1988年のことである。この年，カナダのトロントであった「変化しつつある大気圏に関するトロント会議」が温暖化の世界デビューといえる。IPCCもこの年に設立された。以来，温暖化交渉は温暖化科学の進展にそいつつ，南北の対立，各国の理念のぶつかり合いとして続いてきた。

　気候変動議論が起きたのは1970年代に入ってからだった。世界中で干ばつ，大雨，熱波，寒波といった異常気象が頻発した。そこで，「これは気候が変わる前触れ」という議論が起き，「気候変動」という言葉が使われ始めた。

　研究・分析の結果，多くの研究者は地球が寒くなる前触れと結論した。日本の気象庁は1973，74年に「気候変動調査研究会」を設置し，「異常気象の報告では低温を示すものが多い。現在の寒冷化が続けば，十数年後に19世紀以前の低温期に似た気候になる」という結論をまとめた。アメリカ合衆国中央情報局は1975年のCIAレポート「世界の人口・食糧・気象の潜在的意味」で「世界の黄金時代，つまり温和な気候と食糧の余剰時代が終わろうとしている。気候の変化はすでに始まっており，従来通りの温和な気候に戻るまでには少なくとも40年から60年，場合によっては何世紀もの年月を要す

る」(竹内，1998)とした。

　当時は1940年をピークにして1970年代前半までの気温下降期にあった。とりわけ北半球の陸上気温ではこの間，0.5℃くらい下がったといわれる。最近の100年ほどの温暖化を示すグラフがあれば(特に北半球陸地の)，1975年以降の右側を手で隠して見るとおもしろい。その時点にいたと考えれば，寒冷化が始まっているとしか思えない。当時，大気中の二酸化炭素濃度が急上昇していて，これが「温暖化要因」であることはだれにもわかっていたが，他に寒冷化要因もあって，差し引きで寒冷化しているのではと思っていた。

　1980年代から科学者がかなり本格的に考えるようになる。1988年，アメリカ合衆国では5～6月にミシシッピ州などで大干ばつがあった。そのとき，NASA(米航空宇宙局)のジェームス・ハンセン博士が議会で，有名な「99％証言」を行った。今の暑さが温暖化と関係があるか，と聞かれて，ハンセン博士は「99％ある」と答えた。「科学者としてはふさわしくない発言」ともいわれたが，それでアメリカ合衆国内が動き始めた。88年6月には「トロント会議」があり，「先進国は2005年までに86年水準の20％レベルまで二酸化炭素を減らそう」と宣言した。

　なぜこの会議が有名になったのか。この年トロントでG7サミットが開かれた。サミットが終わった直後に，同じホテルで温暖化のトロント会議を開いたので，多くの記者が居残っていて，温暖化のことはよく知らないまま「20％削減の宣言」を報道した。温暖化の国際デビューだ。

2. 京都議定書は不平等条約か

　日本人と京都議定書の関係はねじれている。あるときは，「日本は京都議定書の生みの親」と誇りをもっていう一方で，「あれは外交の失敗」「不平等条約だ」という人もいる。とりわけ産業界には不満が多い。
　不満は次のようなものだ。
　①排出削減の基準が1990年であること。日本に不利でヨーロッパに有利。
　　基準年が95年ならばよかった。
　②途上国に削減義務がないこと。

③日本は省エネが進んでいるので，日本6％，アメリカ合衆国7％，ヨーロッパ8％という削減数字は不平等(澤・関，2004)。

議定書のそうした内容はいつ決まったのかを振り返る。議定書の親条約である気候変動枠組条約づくりのスタートは，1990年秋にジュネーブで開かれた第2回世界気候会議(SWCC)だった。IPCCはその年,「21世紀末までに気温は約3℃上昇する」という第1次評価報告書を発表していた。第2回世界気候会議では，IPCCの報告書を受けて,「それは大変だ」として，条約づくりを宣言する目的で開かれた。

この会議中に使われた「今から」が，後の「90年基準」になった。翌1991年から条約の作成交渉が始まり，1992年5月に採択された。条約には「先進国は2000年に温室効果ガスを1990年レベルに戻す努力目標をもつ」という趣旨の文章が入った。

条約が1994年に発効した後は条約の締約国会議(COP)が交渉の場になった。

COP1(1995年，ベルリン)。ベルリンマンデートが採択された。「先進国は2000年に1990年レベルに戻す」という条約の努力目標の進み具合が悪いので,「2005年，2010年，2020年といった時期を特定した数量化された抑制および削減を含む議定書または他の法的文書の採択をCOP3で目指す」という内容だ。ここで，途上国には新たな規制を課さないということも決まった。

COP2(1996年，ジュネーブ)。COP3でつくる議定書の内容について「2005年，2010年，2020年といった時間枠のなかで排出抑制および相当量の削減についての法的拘束力ある目標をつくる」とする閣僚宣言に多数が賛成した。ここで「法的拘束力」が決まった。つまり削減は努力目標ではなく義務にするということである。

閣僚宣言をつくる過程で，日本の通産省はカナダ，オーストラリアと一緒に「法的拘束力」を文面からはずすように画策し，NGOから激しく非難された。そのとき政府代表団長だった岩垂寿喜男・環境庁長官が,「COP3の議長国として多くの国が賛成する宣言に反対することはできない」と，法的拘束力についても賛成することを決めた(竹内，1998)。

そして COP3（1997 年，京都）。ここで京都議定書が採択された。

実は，COP3 が始まる前は，すべての先進国が一律の削減数字をもつことになりそうだった。各国の事情に応じた差異化された数字を決めるべく議論を重ねてきたのだが，COP3 を前にしてすべて失敗していた。差異化の条件を話し合うなかで，経済的な発展段階の差だけでなく，「わが国は暑い」「寒い」「広い」「人口が増えている」など多くの条件が出てきて収拾がつかなかったからだ。

EU は「先進国は一律 15％削減」，アメリカ合衆国は「0％」，日本は「原則として 5％削減，事情を考慮して少し変える」を提案していた。

しかし京都会議が始まってすぐ，アメリカ合衆国が一律ではなくバラバラの目標をもとう，といい始め，大混乱の差異化議論となった。日米欧の 3 極は密室折衝で決めた。EU は 15％削減といっていたが，アメリカ合衆国と 1％以上離れるのは嫌だといい，アメリカ合衆国は日本と 1％以上離れるのは嫌だといって，最終日に EU 7％，アメリカ合衆国 6％，日本 5％と決まった。その後で，「あと 1％ずつ上乗せすると，途上国が途上国を規制する条項を議定書に入れることに同意する」という話が流れて，1％ずつ上げた。しかし，結局，途上国条項は入らなかった。

3 極はこうして，自分たちで決めたが，他の先進国はもっといい加減に決められた。「カナダとブルガリアの差はどのぐらいがいいか」などを考える方法はない。ゆっくり考えると絶対に決まらないが決めてしまった。最終日にアルゼンチンの外交官であるエストラーダ議長が，各国の削減目標一覧を書いた紙を配り，各国の文句を聞き，いくつかの国の数字を変えたものを何時間か後に配る。それを各国が受け入れた。

その過程で大きく変わったのはロシアである。5％削減が±0％になっていた。「1％の二酸化炭素削減」がいかに大変かは今の日本をみればよくわかるが，それを議論もなしに決めてしまったのが京都会議だ。翌年，エストラーダ氏に「なぜロシアを変えたのか」と聞くと，「ロシアは 0％じゃないと国に帰らない，帰れないと懇願したから」と話した。

経済に大きく影響する削減率をこんな形で一気に決めるのは大変なことだ。それを可能にしたのは，温暖化対策を京都でスタートさせるという政治的モ

メンタムだった。見栄えのいい数字が欲しい，最低5％ぐらいは欲しいという雰囲気もあった。数字はこうして決まった。

どうせ5年ごとに数字を変えるのだから，最初の数字が永久に続くものではないと考えられていた。温暖化対策は50年ぐらいは続くのだから，修正しながら進めばいい。これが暗黙の想定だった。

議定書を批判する人は，「第2期」がないかのように，6％と7％の差は何かなど固定的に考える。京都議定書は固定したものではなく，動的ダイナミズムのなかで考えるべきものだ。各国が二酸化炭素削減に努力する動きのなかで，公平な規制を追求するしかない。

3. 京都会議後のドラマ

議定書採択後にもドラマが待っていた。2001年春，アメリカ合衆国ブッシュ政権が「京都議定書には致命的な欠陥がある」として離脱した。国際社会におけるアメリカ合衆国の存在の大きさから，「これで議定書は死んだ」といわれた。日本国内での経済界や経済産業省から「こんな議定書，批准をやめよう」という声が出てきた。

当時，議定書の運用ルールの細部が未決定で，まだ交渉が続いていた。アメリカ合衆国に続いて日本が背を向ければ，議定書は発効要件を満たさない。日本がキャスティングボートをもつ形になった。

日本はこの状況を最大限利用した。「二酸化炭素の森林吸収分についてもっと多くの枠がもらえないならば，議定書を完成させない」態度をとってゴネたのである。森林吸収を多くカウントすると化石燃料の削減が進まないので抑制的にカウントする方向だった。2001年7月のCOP6再開会合 (COP6・5) で，日本は日本の森林から考えられる総量である3.7％の満額を要求して，EUと対立した。前年のCOP6での案では「日本の上限は0.6％」程度だったから，ものすごい要求だったといえる。

日本の強硬姿勢に押され，議長だったオランダのプロンク環境相が提案を持参した。①人口密度が1 km² 当たり300人以上，②森林面積が国土の半分以上，③エネルギー効率が一定以上，の3条件を満たす国だけが上限なし

に森林吸収を多く算入できるという内容だった。

当時，地球環境問題担当大使だった朝海和夫氏は「条件を当てはめると日本だけになる。日本を救うための秘策を考えてくれた」と語る。要求以上の3.8％を獲得した。日本は特別扱いを受けた（竹内，2008）。決着した後は，森林吸収の量を決めた3つの条件は文書から消えた。各国の森林吸収量の上限値の数字が並んでいるだけで，どういう過程で決まったかはわからないようになっている。

ある交渉担当者は「こんなに日本の要求が通った国際交渉はない。おもしろかった。議定書は絶対つぶさない，そのためには何でもするEUの執念を感じた」。

日本の削減目標は6％から3.8％を引いて実質2.2％になった。京都で6％を飲まされたことを「外交の失敗」というとすれば，これは「日本外交の大勝利」なのか。

いずれにせよ，これで一気に実質削減が緩くなった。ちなみにEUは「0.4％分」しか認められていない。日本は例外的に扱われた。これを足し合わせれば，日本の実質削減は「2.2％」，EUは「7.6％」ともいえる。

これが京都議定書成立の歴史である。

① 「90年を基準に考える」は1990年の第2回世界気候会議のころから使われた。条約にも入った。
② 「まず先進国が削減する」は，1992年の条約にすでにあり，議定書でも同じようにすることがCOP1で決まった。
③ 「削減を義務にする」は1996年のCOP2の閣僚宣言で決まった。
④ 日米欧の削減率は日米欧が直接交渉して決めた。

長い時間をかけ，百数十か国が少しずつコンセンサスを積み重ね，日本も国家として積極的に関与してつくられてきた。あそこだけがダメなどと今さらいえる筋合いもない。また議定書の作成過程を通じて「90年基準ではなく，95年基準にしよう」などの意見は交渉で出ていない。

4. 京都議定書は新しい時代のシンボル

1990年代，世界は地球環境の時代に入った。盛り上がりを象徴するのが地球サミットだ。冷戦が終わった開放感にあふれた会議だった。交渉ごとのほとんどない環境の会議に約180か国が参加し，100か国以上から元首がきたのである。

東西対立が消えると，南北対立という簡単には越えられない永遠の対立構造がつねに表に出る。地球サミットは，地球規模の環境問題に南北協調で対処する時代に向け，制度的，資金的，理論的な態勢を準備する歴史的な会議だった。

この時期，私たち日本人の環境への考え方も大きく揺さぶられた。新しい概念と言葉が一気にヨーロッパから輸入された。「持続可能な開発」も「生物多様性」も日本にはない概念だった。「共通だが差異ある責任」も日本人の言語感覚にはない。それまで日本の環境問題は，「公害反対」「開発優先主義反対」「自然を守る」といった言葉であらわされてきた。それが「バイオダイバーシティー」などの言葉とつきあうことになった。日本では森林や動物の保護というと，手をつけずに守るというイメージが強いが，ヨーロッパでは「人間がうまく管理する」というニュアンスが強い。「自然を守る」型の日本的な思考と，ヨーロッパ的な「合理的に管理する」型の思考がぶつかりあったのが1990年代の日本だった。

こうした新しい時代と新しい考えのなかで，いくつもの国際環境条約が生まれた。そのシンボル的な存在が京都議定書だ。経済成長こそが国家の目的という時代に，「化石燃料を減らそう」という考えを打ち出したのである。

5. IPCCの歴史と温暖化の科学

温暖化の議論は，COPでの国際政治交渉と，IPCCを舞台にした科学の進展の二人三脚で進んだ。

IPCCの役割は温暖化の科学の最前線をまとめ，政治交渉に反映させるこ

とだ。IPCCの歴史は,「人間による温暖化は本当か」という単純で難しい質問への回答を探し続けた歴史だといえる。IPCCは4回の報告書を出したが,回答はだんだんと進歩してきた。1990年の第1次評価報告書は「温度は上がっているのは確かだけれども,観測された温度上昇の大部分は自然変化によることもありうる」と書いている。1995年の第2次評価報告書は「証拠を検討した結果,識別可能な人為的影響が気候にあらわれていることを示唆している」と前進した。2007年に出た第4次評価報告書は「過去半世紀の気温上昇のほとんどが人為的温室効果ガスの増加による可能性が非常に高い」と書くまでになった。

温暖化の科学の信頼性は,過去の温度変化を再現するモデルができるかどうかにかかっている。気温や二酸化炭素の排出記録が残る過去150年間の複雑な気温カーブが正確に再現できれば,将来予測もまた信頼できることになる。第1次評価報告書のころは,うまく再現できなかったが,その後,大気の汚れであるエアロゾルの気温低下効果をうまく取り入れることでモデルがかなり精巧になった。

IPCCの政治性についても触れたい。IPCCは,Inter Governmental Panel on Climate Changeの略である。Inter Governmental Panelというのは政府がつくる組織だ。ある科学者が参加するには日本政府の決定が必要で,国を離れた科学グループには勝手にさせないという各国政府の意思が働いている。各国はこれをフロン規制で学んだ。モントリオール議定書には,科学者がつくる委員会があり,政治から独立した報告書をつくって,これが政治を引っ張った。そういう形にしたくなかった国の主張が通った。IPCC設立のころ,温暖化研究の最前線にいたジル・イエーガー(当時オーストリアのIIASAの研究者)は,「我々はInter Governmental Panelなんてつくりたくなかった,でもアメリカ合衆国が強く主張してこういう形になった」と話している。

温暖化は科学者が集うIPCCが示す科学が政治にインプットされた,といわれるが,それは半分の事実でしかない。IPCCは生まれたときから政治闘争の渦のなかにいた。報告書をつくる会議には,科学者でない各国政府の役人が押しかけて,政治的に議論する。例えば,産油国は何が何でも「温暖化

が起きている」という表現をあいまいにしようとする。IPCC報告書，とりわけ，政治家に見せる短いバージョンの報告書は，その単語まで政治的に議論される「政治的科学報告書」になっている。しかし，多少あいまいな表現にされても，いったんできあがると，「これは科学者が勝手につくったもの」とはいえない政治的な強さをもつようになる。IPCCはこうした政治的プレッシャーのなかで生き抜いて，かなりしたたかになった。

6. 各国の位置──アメリカ合衆国はクレディビリティーを失った

　東西対立の終焉と地球環境問題の台頭は，国際社会での各国の力関係を変えた。まず「東の雄」だったロシアが凋落した。今と違い，1990年代前半のロシアは経済が崩壊した苦しい時期だった。環境の国際会議でもロシアの発言に失笑がもれるほど権勢を失った。

　大国・アメリカ合衆国も2001年に京都議定書から離脱した後信頼を失い，国際会議で汚い野次を浴びるようになった。2002年のヨハネスブルクサミットでは，アメリカ合衆国政府代表のパウエル国務長官の演説に，会場にいたアフリカ諸国やNGOが床を踏みならし，怒号を浴びせて何分も演説が始められない事態になった。会場には「裏切り者」と書かれた横断幕が張られた。アメリカ合衆国にとっては大変に屈辱的なことだが，こうしたことをアメリカ合衆国メディアは国内に報じないからアメリカ合衆国の人は知らない。記者がきていないし，国内ではブッシュ政権が最も強い時期であった。「テロとの戦い」「政権支持」が優先され，反ブッシュ的なものは「反国家的」なものと見なされ，温暖化など地球環境問題については国内のNGOもほぼ沈黙し，何も対策が進まない時代だった。そのころ京都議定書離脱を非難するアメリカ合衆国紙の社説など，見たことがなかった。

　しかし，こうした状況が続いて，「アメリカ合衆国は国際社会でクレディビリティーを失った」といわれている。今はその回復が重要だといわれている。「日本の政策は外圧でしか動かない」といわれるが，逆にアメリカ合衆国は「外圧や他国の論理では動かない」といえる。国際条約も自国の利益を中心に批准するかしないかを考える。京都議定書だけではない。生物多様性

条約も批准していない。

　このようにアメリカ合衆国は国際社会のなかで，好きなように振る舞える国でもある。あまり文句はいわれない。京都議定書から離脱したままで，最近少し国内政策の議論が始まったら，「温暖化議論に熱心」といわれる。

　日本は違う。国際協調のなかでしか生きていけない国だ。しかし，京都議定書と温暖化政策における議論で日本は間違った。これまでのあらゆる国際交渉ではアメリカ合衆国と同じポジションをとってきた。温暖化でもアメリカ合衆国を気にするあまり，政府内には反京都議定書みたいな立場をとることも多く，アメリカ合衆国に引きずられすぎた。アメリカ合衆国が変わろうとしているときに，日本は困っているという状況がある。

　アメリカ合衆国内の議論の多様性を2人の女性の論文で比較したい。

　2000年1月の論文誌「フォーリン・アフェアーズ」に，コンドリーザ・ライス（現・国務長官，当時は大学教授でブッシュ大統領候補の外交顧問）が"Promoting the National Interest"という題の論文を書いた。「国益の追及」だ。ここでは「国際協定への参加はアメリカ合衆国の国益に合致するかどうかで判断しよう」と書いている。「全人類に有益なことをなすのは悪いことではない。しかし，それはある意味副次的に達成されるべきものだ。アメリカ合衆国が国益を追及することによって，自由，市場，平和を促進する条件が整備されていく」。アメリカ合衆国がアメリカ合衆国のことを考えれば世界は良くなっていくという考えだ。「多国間協定や国際機関の支援そのものを目的としてはならない。確かに強力な同盟関係をもつことはアメリカ合衆国の国益に合致するし，国連その他の国際機関や，周到に準備された国際協定によってアメリカ合衆国の国益を促進することもできる。だが，クリントン政権は多国間協調型の問題解決に躍起となるあまり，アメリカ合衆国の国益に反するような協定に調印することもあった。京都議定書がその顕著な例である。地球温暖化をめぐる事実がどのようなものであれ，この議定書は中国を対象に含んでいないうえに，厳しい基準の対象から途上国をはずし，一方でアメリカ企業は基準で縛られる。これではアメリカ合衆国の国益に反するとしかいいようがない」とある(ライス, 2000)。

　振り返るとブッシュの京都議定書のポジションはこの通りになった。

もう一人は，ヒラリー・クリントンである。2007年の12月に，「私が大統領に選ばれれば」という論文を同じ「フォーリン・アフェアーズ」に載せた。

　「他国に尊敬されないかぎり，偉大な国家もリーダーシップを発揮できない」と多国間主義を強調している。多国間と国際条約への考え，そして国際機関への考えがライス長官と異なる。

　「ブッシュ政権はこれまでになく強引な単独行動主義を採るようになった。包括的核実験禁止条約(CTBT)の批准を議会から取り付けようと試みるのをやめ，中東和平プロセスにも背を向け，京都合意にも参加しなかった。地球温暖化という大きな問題への国際取り組みへの参加を拒絶したことで，アメリカの国際的立場は悪くなった」，「国際機関は我々にとっての罠ではなくツールである」，「地球温暖化対策は，21世紀における経済と雇用と成長させる」と書いている(クリントン，2007)。

　クリントン氏は国務長官になった。そしてオバマ大統領は国際協調で温暖化に対処する姿勢を明確にしている。アメリカ合衆国の温暖化政策は大きく変わりそうだ(2009年1月末執筆・校正)。

7．EU——牽引車としての信頼

　地球環境問題を通じて，世界のなかで存在感を大きく高めたのはEUだ。「環境問題で世界の牽引車になる」というのは，統合EUのアイデンティティーのひとつになっている。

　なぜそうなったのか。1998年にドイツで社会民主党と「緑の党」の連立政権が生まれたとき，EU 15か国中13か国が中道左派，あるいは左派中心の政権になった。中道右派の政権はスペインとアイルランド。EUは統合に向けて前進する過程で，社会民主主義，中道左派という概念がどんどん進んでいった。貨幣統合をするほどの政治的成熟があり，そのうえで思想的にもかなり共通点があったことになる。当時，ヨーロッパ社民のリーダー的存在だったイギリス労働党のブレア首相は，「第3の道」の信奉者だった。イギリスの社会学者アンソニー・ギデンズらが理論をつくった「第3の道」は，

発達した市民社会に立脚した「環境に配慮した近代化」といえる。市場主義偏重の保守主義でもなく，連続した成長のなかで福祉の拡大を期待する旧来の社民主義でもなく，「近代化の限界をわきまえる道」だとされる。

　そうした考えに立ち，実際の環境国際交渉ではつねに先頭に立つ。巨大な環境保護団体が圧力団体として後ろにいることも大きい。国際環境 NGO はたいていヨーロッパを基盤としている。2008 年のデータで，WWF のサポーター数は約 500 万人，グリーンピースは約 290 万人，「地球の友」は約 200 万人である。

　もうひとつの理由として，EU 統合の過程で鍛えてきた議論の歴史がある。多数の国を動かすには議論しかない。共通の経済政策を導入するには，理論と経済モデルを使って議論するしかない。理屈が通る社会だ。日本はこうではない。経団連が「それは嫌だ」といえば，産業界全体が動かない，というような面がある。

　EU は京都議定書で 8% の削減を義務付けられているが，加盟国ごとにばらばらの目標をもつ。その各国の配分を「トリプティーク・アプローチ」(3 分野からのアプローチ) という理屈と「政治家の話し合い」でつくった。そこまでの成熟性を獲得している。

　トリプティークというのは 3 分野からのアプローチという意味である。1997 年の京都議定書のときにとった方式だ。それは何かというと，重工業，発電，家庭部門・民生部門の 3 つの分野で削減可能性を国別に考える。そして，家庭生活的なところから出るものは，将来 2030 年に 1 人当たりでどこの国も同じ量にすることを目指す。つまり，各国の総量の削減可能性は産業構造で異なるが，市民生活部門では 2030 年に 1 人当たり一緒にする，同じ生活レベルを目指そう，という概念だ。

　そういう議論ができる政治的な成熟性がある。今，EU の貨幣はユーロである。ギリシャはユーロにするため，2500 年使ってきた貨幣単位であるドラクマを捨てた。そこまで一体感ができている。

8. 日本——国民の関心は高いが政策なし

　日本は，地球環境問題が始まった時代に，「お金持ちの国」として国際社会に入っていった。交渉などはアメリカ合衆国，ヨーロッパが主導し，日本は「財布」を期待されることが多かった。1990年代の前半，日本のODAは世界一だったが，最近は凋落し，今は，アメリカ合衆国，ドイツ，フランス，イギリスに次ぐ5位になってしまった。しかし途上国からみれば日本は立派な先進国だ。「お金がなくなったから外には出せない」というだけでなく，先進国の矜持として継続する姿勢が大事だ。

　そして，日本は新しい時代に対応する変化ができていない。新しい時代の特徴は，環境などが問題になる時代，小国も理念で国際社会に発言力をもつ時代，多国間交渉の時代，などだ。冷戦時代ではない時代。こうした時代で

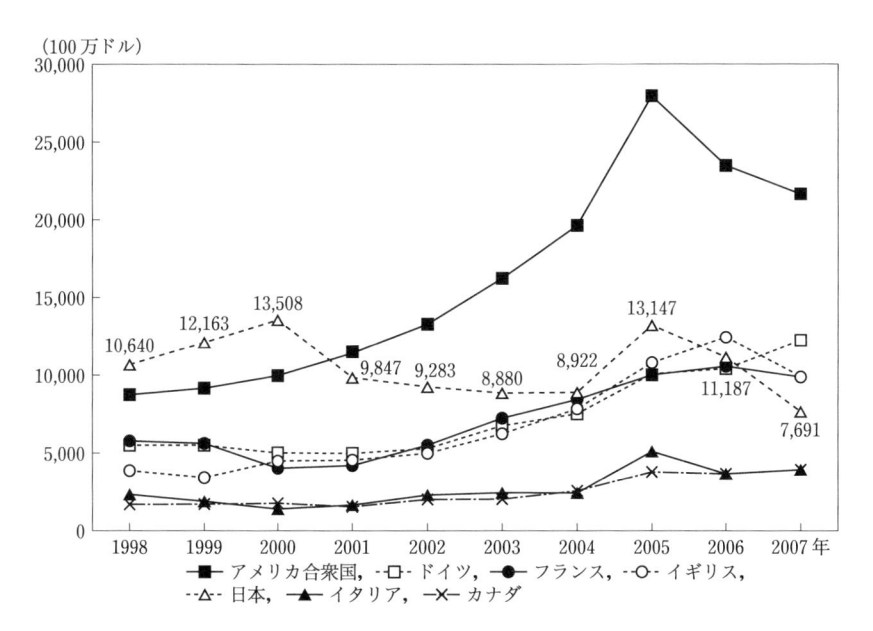

図1　主要援助国のODA実績（支出純額ベース）の推移（OECD・DAC, 2007 データ，外務省ホームページより）。東欧および卒業国向け実績を除く。2007年は暫定値。

は，環境政策は国際的な流れの影響を強く受けるだけでなく，環境国際会議で多くが決まる時代ともいえる。

したがって国際会議での振る舞いが重要になる。そういう会議で格好良く振る舞うことも重要になる。しかし，「口だけ」では馬脚があらわれる。例えば，「2050年に50%減らす」というだけではなく，国内論議と国内政策に基づくビジョンがなければ尊敬されない。日本は「2050年には60～80%減らします」というが，それにともなう国内政策はどこにあるのか？　と聞かれても，うまく答えられない現実がある，それでは世界のリーダーにはなれない。キャッチフレーズだけでなく，ビジョン，リーダーシップがいる。

日本の国内ではつねに，経済産業省と環境省が対立している。経済産業省は意識的，無意識的に経団連など産業界のその保守的な部分を代弁し，環境省は無意識的にNGO的，環境的な部分を代弁している。だから必ず対立する。そして既存の業界への配慮がいつも優先するので，国際社会の流れにはいつも遅れてしまう。

世界銀行が世界70か国を対象に，1994～2004年の10年間で二酸化炭素削減対策の進展を評価したところ，日本は62位に置かれた。日本は「何をいっているのか。日本は省エネ大国だ」と激怒するが，「最近進んでるかどうか」という尺度では62位になる。

こうした日本の社会構造を朝日新聞で連載した(「環境元年」第3部，政策ウォーズ。2008年5月18日から5日間)。

国内排出量取引を阻んでいる代表は鉄鋼業界，自然エネルギーの増加を阻んでいるのは電力業界，バイオ燃料の導入を阻んでいるのが日本石油連盟，といった具合に，既存業界の業界内利益，業界内都合が政策展開を遅らせている事情を具体的に書いた。大きな反響があった(2008年に朝日新聞が出版した『地球よ　環境元年宣言』にも収録)。

9. 20年間の進展

振り返ってみれば，温暖化という言葉と概念が国際社会にデビューしたのは1988年。そのときはだれも温暖化を知らなかった。しかし，今は世界中

の人が意識し，京都議定書ができ，生活の隅々まで「温暖化にとってはどうなのか」という議論されるまでになった．20年間で大きな進展があった．

　今は，そのうえに立って，具体的政策的に温暖化や他の環境問題への解決を進めるときだ．経済成長も企業競争も地球環境の制約のなかで考えられるようになる．世界もその方向に動いている．しかし，日本は，国民の環境意識は高いものの，政策の展開，国際社会への働きかけが弱い．まだ社会が深いところで動き出していない．

[引用・参考文献]
朝日新聞取材班. 2008. 地球よ　環境元年宣言. 293 pp. 朝日新聞出版.
ヒラリー・クリントン. 2007. 私が大統領に選ばれれば. 論座, 2007年12月号：285-286.
コンドリーザ・ライス. 2000. 国益に基づく国際主義を模索せよ. 論座, 2000年3月号：
　　115-116.
澤昭裕・関総一郎. 2004. 地球温暖化問題の再検証, p.270. 東洋経済新報社.
竹内敬二. 1998. 地球温暖化の政治学, p.11, 123. 朝日新聞社.
竹内敬二. 2008. 京都議定書, 曲折の11年. 朝日新聞記事, 2008年7月5日.

第9章

緊急諸課題と低炭素社会の両立，自然・新規エネルギー

北海道大学大学院環境科学院/池田元美

1. 低炭素社会の炭素排出量とエネルギー

　本書をここまで読まれた読者は，地球温暖化が進行しつつあり，このままでは今世紀中に干ばつや沿岸地帯への浸水が深刻になると理解されたであろう。地球温暖化は事実として受け止め，その被害を最小限にとどめようと考えるのもひとつの選択ではある。しかし，やはり進行をなるべく抑えるよう努力することは必要だ。それが低炭素社会の構築である。

　世界全体で平均すると，1人1年間に1トンの炭素を出している。ここでは，二酸化炭素のうち炭素だけを取り出して排出量を測っていることに注意して欲しい。しかし，日本やヨーロッパの先進国は3トン出しており，アメリカ合衆国など移動を自動車に依存している国では6トンにもなる。中国は国として排出する量は多いが，1人当たりは世界平均に近い。地球温暖化は人類に共通だが差異のある責任といわれるゆえんである。ただし急速に発展する途上国の1人当たり排出量が20年程度のうちに今の先進国に迫ることは必至だ。

　京都議定書では1990年を基準にして，日本は二酸化炭素排出を6%削減すると約束した。その半分以上を森林による吸収に頼ろうとしている。しかし，木はリンなどの栄養素を必要としており，森林の吸収量は現存量(炭素に

して 6,000 億トン)の 20％くらいまでしか見込めないので，人為起源二酸化炭素にして 20 年分の排出量でしかない．すなわち森林にそれほど頼れないのだ．さらに地球温暖化の進行にともなって，それぞれの種に適した地域にある森林は徐々に高温や乾燥化の被害を受けることになり，現在と同じように炭素を吸収できるわけではない．この状態を考えて，大気中の二酸化炭素を一定に保つには，人間の排出をすべて海洋が吸収することにしなければならない．現在は毎年 20 億トンの炭素に相当する二酸化炭素が海洋に吸収されており，世界全体の排出を 1/3 にすることとなる．人口増加も考慮すると，100 億人が排出できる量は，1 人当たり今の 1/5 となる．日本の掛声となっている 80％削減はこの量に基づいている．

　京都議定書の約束期間は 2012 年に終わり，我々はその後の目標を立てることとなる．IPCC で考えているこれから 100 年程度の期間の後半に入るころ，森林の吸収はほとんど終わっていて，海洋が吸収する分だけを人間が排出してバランスをとるしかない．これだけの削減を可能にするには，人間社会に可能な方策をすべて実施することが求められる．方策を分類すると，エネルギーを節約する，二酸化炭素をあまり出さないエネルギー，すなわち自然エネルギーと新エネルギーを使う，排出した二酸化炭素を地中と海洋に隔離するという 3 つになる．本章に続いて紹介されるのは，自然エネルギーについて風力発電，太陽光発電，バイオマスなど，そして技術開発による新エネルギーのひとつとして燃料電池である．

2. 先進国と途上国の低炭素社会

　二酸化炭素の排出には先進国がより多くの責任を負っている．一方で途上国は先進国に追いつくため，拘束を受けることを拒んでいる．さらに貧困な住民は生きていくのが精いっぱいで，地球温暖化に関心をもつことなどできないといわれている．この閉塞状況をどのように打開するのか．

　地球温暖化は世界に共通の問題であるといわれる．しかしその影響は均等に起きるものではなく，社会制度の弱い国や地域により大きな被害をもたらす．途上国では，情報の伝達が遅く理解が進まないこと，被害を食い止める

第 9 章 緊急諸課題と低炭素社会の両立，自然・新規エネルギー　145

手立てを取りにくいこと，そして被害が起きた場合にそれから復旧するのが大変なことなどのハンディキャップを負っている。この状態は，わが国にとって単なる同情の対象ではない。なぜなら日本の輸出入は半分以上を途上国に頼っており，食糧とエネルギーの自給率が20％前後と低いからだ。途上国の窮状が直ちにわが国に波及することは間違いない。

　先進国は自らの二酸化炭素排出を減らす意思は示しながらも，中国の排出量がアメリカ合衆国を抜く現実を前に，次の京都議定書には中国も取り込もうとしているし，中国を放っておけば国際取り決めの意味がないという者さえいる。確かに中国，インド，ブラジルなどの途上国は急速に重工業を発展させており，新興国と呼ばれるゆえんである。重工業の代表格である製鉄を取り上げてみよう。図1に近年の粗鋼の生産量を示す。一目でわかるように

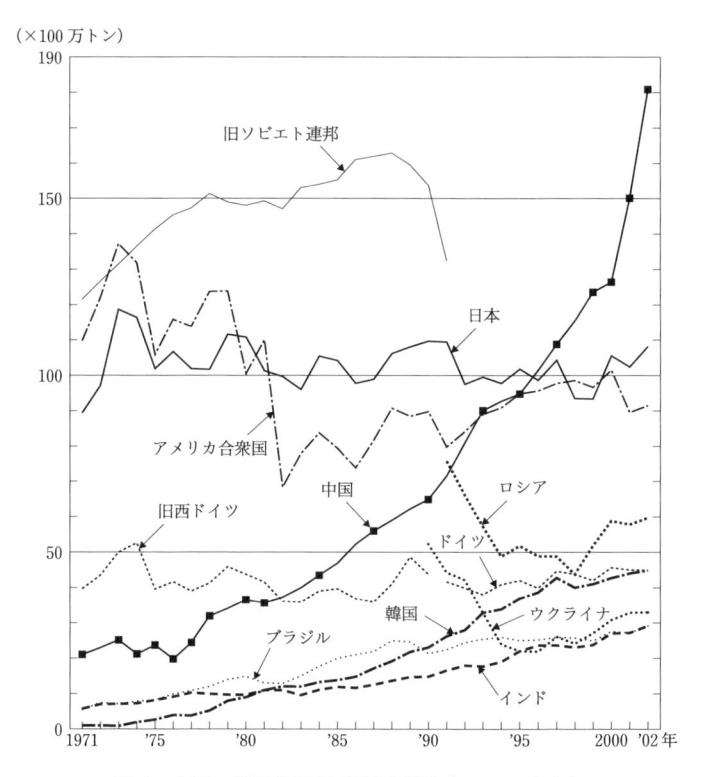

図1　各国の粗鋼生産(矢野恒太記念会，2004より)

先進国はほぼ横ばいであるのに対し，中国，韓国，ブラジル，インドの生成量が急増している。特に中国は国内の需要も大きいが，日本，アメリカ合衆国などの先進国にも1/3程度が輸出されている。

先進国からみれば，重工業の移転によって自国の二酸化炭素排出量を減らすとともに，自らの経済活動を製鉄や建設などの重厚長大産業からサービス，ITなどの軽薄短小産業に変化させている。重厚長大産業が移転している中国，インド，ブラジルなどは多くの人口を抱え，国内格差は大きいものの，先進国を含む世界の重工業産物の需要を支えている。重工業は生産高当たりの二酸化炭素排出が大きいので，先進国は重工業の移転によって自国の二酸化炭素排出を抑制することができるが，世界の総排出抑制にはまったく貢献していないのだ。この現実をみれば，先進国からエネルギー低減と二酸化炭素排出削減の技術を移転し，先進国がこれまでたどった道のりを短縮して，低炭素社会に向かう支援をすることが必要であるとわかるだろう。もちろんこの移転を助けるための国際取り決めによって，これまでの省エネ努力が報われる仕組みは必要だと考えられる。

アメリカ合衆国が京都議定書から離脱して久しい。当初は地球温暖化が人為起源二酸化炭素によるとはいえない，またどの程度進行するか科学的にはっきりしていないと主張していたが，現在ではIPCCの報告を認めている。しかし中国などの新興国が参加しない取り決めは無意味であるとして，産業活動の障害になることを避けようとしている。その替わりにアメリカ合衆国が進める国際協力は，炭素隔離リーダーシップフォーラム，水素経済のための国際パートナーシップ，第四世代原子力システムに関する国際フォーラムである。これらは排煙から二酸化炭素を分離し地中に隔離する技術を開発・普及するもの，燃料電池など水素利用に関わる技術の開発と普及を目指すもの，そして核燃料の効率的利用や廃棄物の処理を目指すものである。3つとも日本をはじめEU諸国も参加しており，今世紀中ごろまでには有効な技術になる可能性がある。しかしこれらの取り組みを京都議定書と並行して進めることも可能であり，離脱の埋め合わせになるものではない。

アメリカ合衆国は州が高い自治権をもっており，東部各州や西海岸の州は連邦に先んじて自動車排気ガスの規制をするなど，州レベルの取り組みを始

めている。これらの州の人口と経済活動はヨーロッパ各国に匹敵しており，世界的な影響は大きい。環境保全に高い意識をもつ住民が多いことに，2008年の大統領選挙の候補がふたりとも地球温暖化に重大な懸念を示していた事実も合わせると，ある時点でアメリカ合衆国全体の支配的な世論が変わる可能性があるだろう。そのときに，日本だけが取り残される愚を犯してはならない。

3. 自然システムと社会システムのフィードバック

　大気中の二酸化炭素を安定化するには，上に述べた省エネ，新規エネルギー開発，そして二酸化炭素の地中・海中隔離を追求するが，その一方で本章の最後にある通り，産業活動増大と先進国・先進地域の拡大を根底に抱えた食糧生産，水資源確保，エネルギー問題，そして生物多様性保持の諸問題も同時に起こってくる。これらと地球温暖化を同時に解決し，持続可能な世界を構築することが求められる。地球の持続を考えるには，自然システムと社会システムの関係がどうなっているか知っていなければならない。
　図2に全地球規模の自然システムと社会システムのフィードバックを示す。ここでは図の中央にある二酸化炭素排出を軸に仕組みを考えるので，環境問題の原因をつくる世界としては，先進国と新興国中の先進地域の活動だけを社会システムに含めることにする。この結合システムにあるいくつかの重要な要素間の因果関係(正の影響，負の影響)を，図のなかにある定義を使って説明しよう。まず自然システム中の炭素排出，温暖化，生態系劣化の3要素を考えてみる。炭素排出が増えると温暖化が進行し(正の影響)，もしその結果として降水量が変わって生態系が劣化すると(正の影響)，二酸化炭素を吸収できなくなる(正の影響)。この場合，フィードバック・ループは正の連鎖をもっていることになる。ただし今のところ，地球温暖化が進行して生態系の二酸化炭素吸収が減る影響はまだ起きておらず，今世紀後半に起きると予測されていることを断っておく。正の連鎖とは，ひとつの方向に動き始めると，それがどんどん進んでしまうことをあらわし，非常に危険な連鎖である。
　次に人口と工業生産を起点にして社会システムの役割を考えることにする。

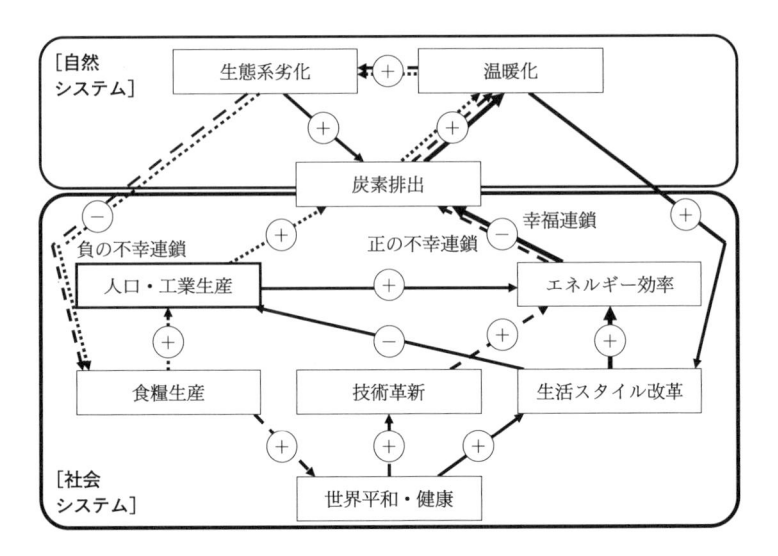

図2 自然システムと社会システムの間のフィードバック。ある要素が他の要素に及ぼす影響を矢印であらわし，そのプラス記号は，矢印の元の要素が強まる(弱まる)ときに矢印の先の要素も強まる(弱まる)ことを示している。一方，マイナス記号は矢印の元の要素が強まる(弱まる)ときに矢印の先の要素は弱まる(強まる)ことを示す。前者を正の影響，後者を負の影響と呼ぶことにする。

先進国では人口が頭打ちだが，途上国の先進地域が増大することによって，結合システムに影響を与える人口は増加する。また同時に工業生産も増加し，人口増加は炭素排出の増加につながるので，地球持続のためには懸念される要素である。このようにみると，持続可能な世界を実現するには先進国の人口減少を心配するよりも，途上国の人口増加を速やかに抑えることが重要だとわかるだろう。しかし途上国が先進国の仲間入りをしようとする動きを抑えることは，道義上もできないのは明らかであり，まさに低炭素社会をつくることが求められている。

　3つの連鎖/フィードバック・ループに注目しよう。まず点線の連鎖の機能について，人口・工業生産のボックスからたどってみる。先進地域の拡大によってそこに住む人口が増え，工業生産が盛んになると，当然のことながら炭素排出が増える。そこから地球温暖化が進行するところは，すでに述べた通り生態系劣化が進み，植物の生育が悪くなる。生態系の活動が低下する

と食糧生産が落ちる。食糧が不足すると，世のなかの活力がそがれ，その結果として先進地域の拡大が抑えられ，工業生産の伸びも衰える。この連鎖にはひとつだけ負の影響があるので，一体として負の連鎖となることがわかるだろう。人々はこのような連鎖を喜ばないので，不幸連鎖と名づけた。ただし，負の連鎖なので，一方向に進んでしまうことはなく，それを抑える傾向をもつ。

　次に破線の連鎖をみる。点線の連鎖をたどる途中の食糧生産から枝分かれし，食糧生産が落ちることによって，世界平和が脅かされると同時に健康にも悪影響が出る。これは社会に与える影響も大きいので，技術革新を進める余裕がなくなる。すなわち，エネルギー効率が向上しなくなり，その結果として炭素排出が増える。そこから点線と同じ連鎖をたどる。ここにはふたつの負の影響があることによって，全体では正の不幸連鎖となる。この連鎖に陥ると地球温暖化が破局にまで進んでしまうことを示唆している。もうひとつ付け加えると，破線の連鎖と一部だけ別経路をとるものとして，世界平和と健康が脅かされると，生活スタイルを変える余裕がなくなり，エネルギー効率を向上できなくなって，炭素排出が増える連鎖も同じ機能をもっている。

　これらふたつが不幸連鎖であるのに対し，太い実線で示された幸福の連鎖を考えてみよう。炭素排出が増えると温暖化が進むが，人々は環境改善に心がけて生活スタイルを改革し，エネルギー効率を上げることによって，炭素排出を減らすことができる。ここには負の影響がひとつある負の連鎖である。人間が自主的に生活スタイルを改革することで，炭素の排出を抑えるならば，我々は幸福であると考えてよいであろう。ただしこの連鎖が機能するには鍵がある。温暖化のなかで生活スタイルを改革するためには，多数の人々がその原因を正しく認識し，社会制度も人々が生活スタイルの改革に取り組むことを支援しなければ，矢印は弱くなり連鎖も機能しない。

　太い実線の連鎖と一部が別経路をとる場合についても言及しよう。すなわち，生活スタイルの改革によって，もし途上国の先進地域で人口増加がより早期に抑えられるなら，その結果として炭素排出量が減る連鎖もありうる。これも負の連鎖となり，非常に有効に働く可能性がある。先進国の例をみると，高学歴化や男女の機会均等化が進むとともに人口増加が鈍化するので，

この因果関係はさらに解明されるべきであるとしても，ここで述べた連鎖は十分に予想できる．

4. 緊急諸問題

　本書では地球温暖化を抑止するため，低炭素社会を構築する試みを提示することを試みている．しかし，人類が直面している問題は地球温暖化にとどまらない．あるいはそれ以上に緊急の課題と思えるものもあるだろう．図3には，地域によって深刻さは異なるものの，その影響が世界に及ぶ課題を挙げる．貧困国の飢餓と大量病死は喫緊であり，先進国に住む人の多くが認識しているような人道問題として片づけられるものではなく，内戦や環境破壊など先進国の責任が問われる事態がほとんどである．開発が続く途上国で人口が急速に増加することによって，世界全体の産業活動は増大し，エネルギー資源の不足が顕著になると，原油価格は高騰する．増えた人口の食糧を賄うために，大量の肥料を施す必要が生じている．農業だけでなく都市生活にもより多くの水資源を求めるようになるが，地球温暖化の進行とともに降

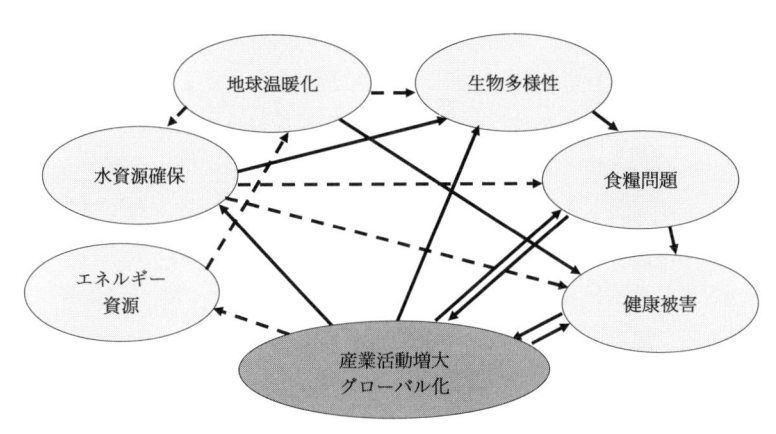

ひとつの課題が悪化すると他の課題も深刻化する
ひとつの課題の解決が他の課題も解決する？

図3　世界が直面している諸課題．矢印はある課題が他の課題に与える影響を示す．破線矢印をたどると，人為起源二酸化炭素の発生とその影響がみえる．

水が減り，水資源不足が深刻になる地域も出るだろう。人類共通の財産である生態系は多様性があってこそ，自らを維持することができる。人間活動が拡大して生物多様性は低下したことはいうまでもない。グローバル化のもとで産業活動が活発化すると，勤労者の生活条件はむしろ劣化し，そのため精神的ストレスを受けるようになって，心身の健康を損なう。このようにみると，先進国の責任は重大であると同時に，そこに住む人たちも激しい競争にさらされていることがわかる。

これらの課題はそれぞれが深刻であるものの，個別に存在しているのではない。それらが相互に関係しあっていることをみてみよう。図の破線を産業活動増大からたどっていく。先進地域が拡大しそこの人口が増大することによって，より多くの化石燃料を使うようになり，資源の枯渇が問題になるとともに，大量の二酸化炭素を大気に放出して地球温暖化を進める。地球温暖化によって年平均気温が2℃上がると，緯度に換算して200 kmも低緯度方向に移動したことになり，すぐに移動できない森林生態系は適応できないので，多様性は低下する。地球温暖化は土壌水分を蒸発させるとともに，降水パターンを変化させ，ある地域では降水量が減る。21世紀の温暖化予測を参照すると，亜熱帯高圧帯が高緯度に拡張して，南ヨーロッパから北アフリカの地域，アメリカ合衆国南部，オーストラリアでは年間降水量が100 mmも減少すると示されている。これらの地域では食糧生産が減ることは間違いない。一方で，降水量増加が好ましいとは限らず，水害という直接的な被害に会う。またこれまでもアフリカ東部で降水量が多い年はマラリア患者が増えたことを考えると，地球温暖化にともなう降水量増加によって健康被害が増えると予想される。

これらの因果関係以外にも，人間活動一般の増大によって水資源が不足しつつあり，それを確保するためにダムを建設すると，河川流域の生物多様性が低下する。また食糧不足や健康被害によって社会が不安定になると，難民の増加や，貧困層が増えて都市に集中するなど，大きな社会問題を引き起こす。これ以外にもさまざまな因果関係があり，またここに挙げていない課題もあるだろう。読者も自らの視点で考えてみて欲しい。

このような因果関係をみると，ひとつの課題を解決あるいは改善すれば，

他の課題の解決にも貢献すると思うだろう。その考えは間違っていないが，あくまでも関連した課題に目を配り，総合的に解決することを目指さなければだめだ。それが持続可能な世界にいたる第一歩である。もし相互の関係を見誤ったり，無視すると，個別課題の解決策が他の課題に悪影響を及ぼすことがあると認識しなければならない。

5. 人類の浅知恵の歴史

ここまで述べたように，相互に影響しあう問題を総合的に解決しなければならないのだが，人類の歴史をみると，むしろどれかひとつの問題を解決しようと試みて，事前に予想しなかった悪影響を他の問題に与えてしまったことが多い。その例を4つ挙げることにする。図4の①～④について説明しよう。

(1) メタセコイアなどの樹木は非常に速く生長し，大気中の二酸化炭素を吸収し固定する能力が高い。京都議定書に規定されたクリーン開発メカニズム(CDM)を利用するため，このような樹木を多く植えるようとする試みがある。しかし森林生態系の生物多様性が低下することは避けられない。

(2) アラル海が例としてよく知られている。この湖に流れ込む河川水をダムなどで溜め，農場の灌漑に利用したところ，土壌から食塩が地表に溶出して，食糧生産が落ちた。また湖の水量が激減したため，水質が悪化し漁獲量も減った。風で表土が舞い上がり，住民に呼吸器障害が出た。

(3) 近年の原油値上がりに対処するため，植物起源のエタノールをガソリンに混ぜるアイデアが提唱されている。このエタノールは大気中の二酸化炭素を吸収した植物が原料なので，いわゆるカーボン・ニュートラルといわれるように，大気の二酸化炭素濃度を増やさない。またエネルギー資源の節約にも役立つ。この点では大変良い方法のように思えるだろう。しかし現実の世のなかでは，大豆，トウモロコシなどの食糧からエタノールをつくるので，食品価格が上昇し，飢餓が広がる。さらに悪いことには，森林を開発して農場にする動機を高めるため，森林が貯蔵して

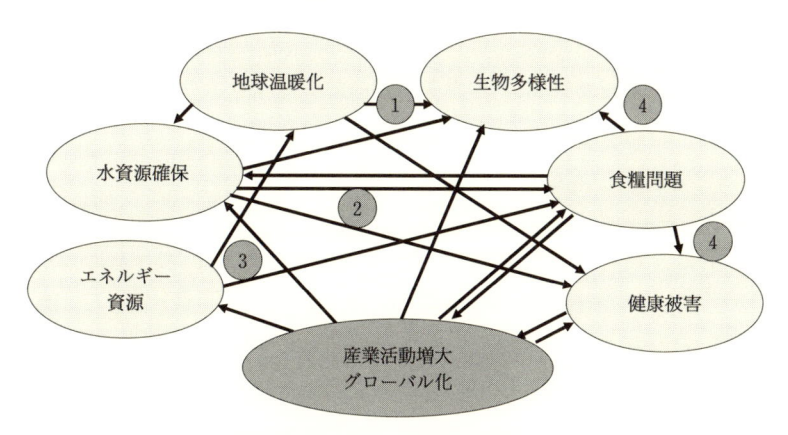

第9章　緊急諸課題と低炭素社会の両立，自然・新規エネルギー　153

```
         地球温暖化 ①    生物多様性  ④
  水資源確保                      食糧問題
                  ②                    ④
  エネルギー  ③                    健康被害
    資源
              産業活動増大
              グローバル化
```

しかし人間の浅知恵でひとつの課題を解決しようとすると，さらに他の課題の解決を難しくする

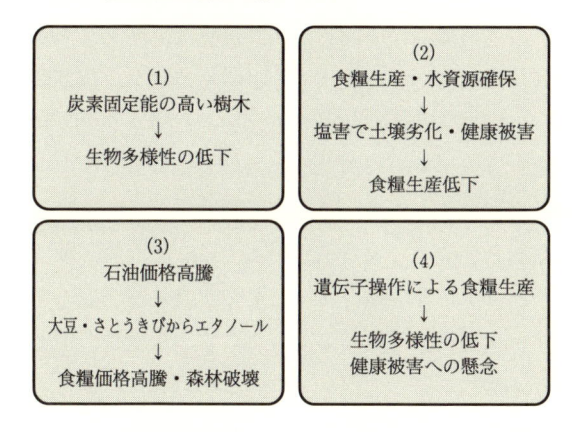

┌─────────────────────┬─────────────────────┐
│   (1)   │   (2)   │
│ 炭素固定能の高い樹木 │ 食糧生産・水資源確保 │
│   ↓   │   ↓   │
│   生物多様性の低下   │ 塩害で土壌劣化・健康被害│
│   │   ↓   │
│   │   食糧生産低下   │
├─────────────────────┼─────────────────────┤
│   (3)   │   (4)   │
│   石油価格高騰   │ 遺伝子操作による食糧生産│
│   ↓   │   ↓   │
│ 大豆・さとうきびからエタノール │   生物多様性の低下   │
│   ↓   │   健康被害への懸念   │
│ 食糧価格高騰・森林破壊 │   │
└─────────────────────┴─────────────────────┘

図4　世界が直面している諸課題の解決法を誤った場合。①から④の相互影響を下図に示す。

　　きた有機炭素が分解し，二酸化炭素を大気に放出する。このようにけっしてカーボン・ニュートラルではないのだ。もし炭素排出量削減に貢献したいなら，本来は廃棄されている木材などの原料からエタノールをつくるべきである。

(4)これまでの加重な食糧生産のため水資源が減った北米では，少ない水でも育つ，病原菌に強い，短期間で収穫できるなどの特徴をもつように，食物用植物への遺伝子操作が行われる。健康に関心の高い人々のなかで，

遺伝子改変作物からつくられた食糧品への信頼は高くない。さらに大規模な栽培が行われれば，自然生態系への影響も危惧される。

6. 地球未来学の構築——2070年の人類生存環境

　持続可能な世界を実現する過程では，人類が直面しているこれらの課題を総合的に解決しなければならない。ひとつの課題だけに着目すると，他の課題の解決を妨げる可能性が高い。現在問題となっていることを解決するために人類の英知を結集することが，地球の未来に希望をもつ前提条件である。
　生態系の一部として，地球上で自然環境と共生するしかない人類は，地球の運命の一端を担うほど強大になってしまった。産業革命以降，さまざまな科学的進歩によって飛躍的に発展した人間活動は，膨大な情報量の蓄積とともに，我々自身には創造できないエネルギーと資源を，短期間に，かつ大量に消費してきた。その時々の課題を解決してきたつもりの人類は，豊かな社会の代償として，近い将来の深刻な危機を抱えている。明白になっているものでも，温室効果ガスによる地球温暖化，開発にともなう森林破壊，人口増大と枯渇する食糧・水資源，大量の施肥による海洋汚染，乱獲による水産資源の枯渇，喪われる生物多様性，次々にあらわれる感染症，循環型社会を阻害する難分解性化学物質，健康被害をもたらす汚染物質，生殖系に介在し生態系を乱す内分泌攪乱物質と，限りがない。深刻なことは，これらの問題が相互に悪影響を与えている可能性が高いことだ。
　地球規模の環境劣化は，特に貧困層と途上国に大きな打撃を与える。グローバル化による支配関係の拡大は，先進国の世界支配を助長するだけでなく，先進国内にも格差社会をつくりだす。そこでは人々の心身の健康がむしばまれ，先進国に特有だった生活習慣病が世界に広がる。奢侈と飢餓が共存する世界，終わりのない貧困と紛争のなかで，豊かな世界を目指しながら，一方で刻々と進む地球環境の劣化は，我々の生活を危機に陥れ，人類の生存基盤を確実に壊している。
　異なる生活，文化，思想をもつ人々は，この膨大で密接に絡み合う危機をどこまで克服できるだろうか。諸問題はたんに悪影響を及ぼしあっているだ

第9章　緊急諸課題と低炭素社会の両立，自然・新規エネルギー　155

図5　人類が直面している諸課題を解決した先にある地球の未来。そこで人類がもつべき共通の価値観は何か。

けでなく，単眼的な課題解決への努力が，複雑に絡み合った他の問題をさらに悪化させることがある。したがって，ひとつの困難の解決は，他の課題の解決にも役立つものでなければならない。この錯綜した葛藤と相克を調整しうる複眼的視点をもち，統合科学的アプローチをどのように開拓し，形成するのか。明るい未来は，この普遍的・根源的な原因を追求し，人類が困難に打ち勝つ方策を手にする努力の過程でしか得られない。

　その一方で，困難に立ち向かう努力を強調するばかりでは，前途の明るさを見出せない。現代はますます人々の価値観が多様になり，またそれを宗教やナショナリズムでまとめようとする動きも顕著である。この章を締めくくるに当たり，読者に問いたいことは，人類に共通の価値観があるのか，あるとしたら何かである。人にとって心の「安寧」があれば苦しいことに耐えられるだろうか。人が最後に求めるものは「尊厳」か。毎日の生活で「談笑」が何よりの楽しみと感じられるだろうか。著者はこれらを肯定し，ここに提案することとした。読者の皆さんにも考えてみていただきたい。

[引用・参考文献]
(財)矢野恒太記念会(編集). 2004. 世界国勢図会——世界がわかるデータブック 2004/05, p. 291. 矢野恒太記念会.

第10章 北海道農業とバイオマスエネルギー

ホクレン農業総合研究所・北海道大学名誉教授/松田従三

　地球温暖化の大きな原因が温室効果ガスであり，その大部分は二酸化炭素であってその発生は人為起源，人間活動によってもたらされた可能性が高いとIPCC(気候変動に関する政府間パネル)では述べている。この温室効果ガスの二酸化炭素の発生は大部分が石油消費由来にあるものとして，石油の消費量削減とともに石油の代替エネルギーとしてバイオマスエネルギーの利用が声高に叫ばれている。石油を燃焼させてもバイオマスエネルギーである木材を燃やしても同じく二酸化炭素が発生する。石油由来の二酸化炭素は地球温暖化に悪影響を与えるが，木材由来の二酸化炭素は環境に優しいといわれている。これはカーボン・ニュートラルという概念で説明されている(図1)。

　その結果，家畜糞尿や生ゴミなどのバイオマスを，嫌気性発酵によってバイオマスエネルギーであるバイオガスを発生させて燃料に使うことや，小麦・てんさい・米などをアルコール発酵させてバイオエタノールを製造して自動車燃料として用いることが行われている。

1. 日本のバイオマスエネルギーの問題点

　わが国のバイオマスエネルギー利用上の問題点は出口がないことである。
　バイオマスはもともと広く薄く存在するものなので，これを栽培・収集・運搬・集荷するのにコスト・エネルギーがかかる。これがバイオマスの入口の問題である。特に山林の間伐材など林地残材や今バイオエタノール原料と

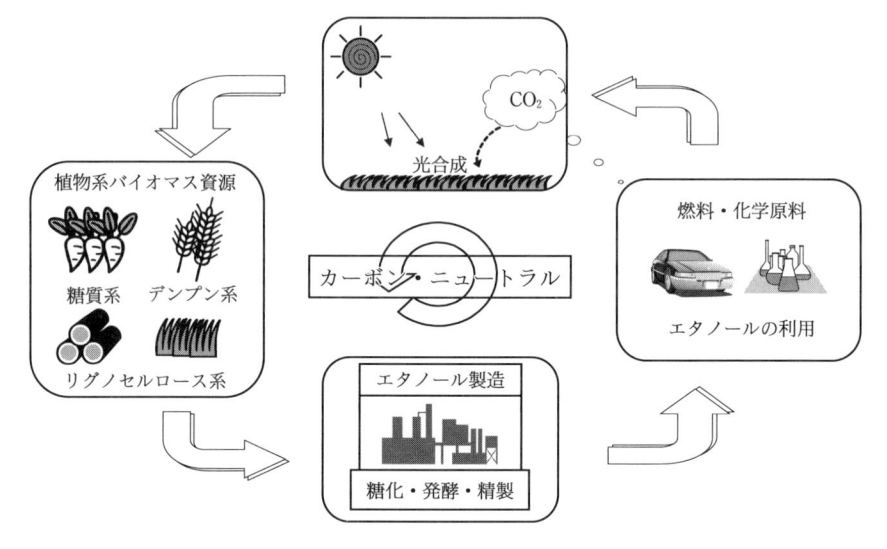

図1 植物系バイオマス資源の特徴（北口敏弘氏の好意による）
①大気中の二酸化炭素（CO_2）と水から光合成によって生成した有機物
　⇨化石燃料のように枯渇することのない持続可能な資源
②太陽エネルギーの一部が植物系バイオマスに蓄えられる
　⇨毎年2,000億トンの生産⇨全世界の年間エネルギー総消費量の約10倍
③燃焼させて二酸化炭素を排出しても大気中の二酸化炭素増加がない
　⇨カーボン・ニュートラル

して注目を浴びている稲わらなどはこの典型的な例である。

　この入口とともに，いや入口以上に問題となるのがバイオマスエネルギーの出口の問題である。

　バイオガスプラントでいえば（図2），バイオガスと消化液が生産物であり出口である。北海道の場合消化液の利用は地域の畑作農家の農地も含めて十分施用できる農地が用意されているのであまり問題はない。しかし本州や九州では消化液散布可能な農地は少なく浄化処理して放流せざるを得ないプラントもある。これにはエネルギーもコストも非常にかかり大きな問題である。バイオガスの利用はさらに大きな問題である。北海道のバイオガスプラントの場合，大部分の農家ではエンジン発電機によって電気と熱を生産するコージェネレーションシステム（co-generation system：ひとつのエネルギーから複数のエネルギーを取り出すシステム）を利用している。この電気の利用先あるいは売

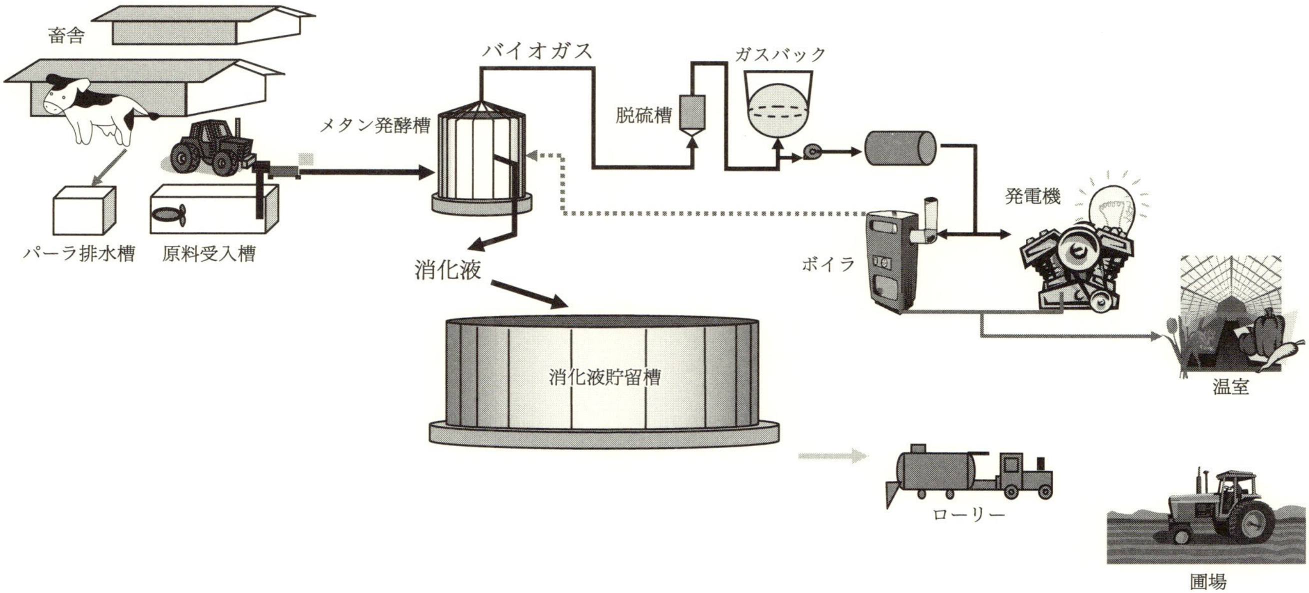

図2 家畜糞尿用バイオガスプラントの一例

電価格が問題である。酪農家のコージェネレーションシステムは基本的には24時間連続運転することになっている。そのため日中の牛舎管理作業時には発電した電力のかなりの部分を消費できる。しかし問題は夜間である。RPS法(電気事業者による新エネルギー等の利用に関する特別措置法)による夜間10時間の北海道電力の買い取り価格は4.5円/kWhである。この金額ではコージェネレーションシステムを運転しても採算がとれない。そのため農家によっては夜間は発電機は運転せずに発生したバイオガスを空気中に放散してところが多いと聞く。せめてランニングコストの半分を電力販売などによる収入によって賄えるようにしないと日本のバイオガスプラントは地球温暖化を加速させるものになってしまうし，継続して運転する農家はなくなってしまう。

現在最も注目を浴びているバイオマスエネルギーはバイオエタノールである。経済産業省や農林水産省は，バイオエタノールの利用法をアルコール直接混合かETBE混合にするかも決定できない状態でいる。すべて石油連盟主導の方針に追随しているだけである。まったくバイオエタノールの普及を邪魔しているとしか思えない。税制についてもまだ未決定である。このようにバイオエタノールにもまったく出口は見つからない。

それではバイオマスエネルギー利用が盛んなEU諸国の状況はどうであろうか。

表1は，EU諸国と日本のバイオ燃料政策の比較を示したものである。

一見して明らかなようにEU諸国では，上流側と下流側，特に下流側出口で支援が厚く中流側すなわち施設建設には補助がないことがわかる。一方日本は対照的に施設建設の補助しかない。バイオ燃料の普及状況からEU諸国の方法の方が効果が高いことは明らかである。

表1に示すようなEU諸国のバイオ燃料の導入政策には，①環境対策：京都議定書目標値の達成と排出権取引市場における主導権の獲得，②エネルギーセキュリティー：中東・ロシアからのエネルギー依存の脱却，③農業政策：共通農業政策(CAP)による農産物の生産過剰，財政負担をエネルギー作物の栽培・利用によって活路を見出すこと，というような明確な目的があるからであろう。しかしこのうち農業政策については，アメリカ合衆国のトウ

表1　EU諸国と日本のバイオ燃料政策の比較

	上流側	中流側	下流側
	入口	ハード	出口
	バイオ燃料作物の生産	バイオ燃料の製造	バイオ燃料の流通・利用
EU	エネルギー作物の栽培への補助 休耕地への作物栽培制限の緩和(エネルギー作物栽培の許可)	(国によっては設備建設への補助あり)	バイオ燃料利用割合に関する目標値の設定 バイオ燃料利用時における揮発油税などの減免 バイオ燃料利用の義務化
日本	なし	施設建設への補助	なし

モロコシ価格の高騰から始まった小麦など穀物の不足，高騰はEUのこの共通農業政策を2008年から変更させている。

このようなバイオ燃料政策の状況のなかで，ドイツはバイオガスプラントを約4,000基普及させている。これはバイオガスプラントで発電された電気を電力会社は非常な高価格で全量買い取っているからである。表2，図3に示すように2004年に新エネルギー法に追加条項が加わり再生可能作物を利用するとボーナスが追加されるようになっている。この売電価格は毎年1%ずつ低下するが20年間は継続することになっている。この買い取りはドイツでは電力会社の義務となっており，この高額購入に対して電力会社は電気料の3%程度を充てているとのことである。その代わりバイオガスプラント建設に対する補助金はほとんど支援されておらず，農家は建設費の多くを銀行融資で賄っているとのことである。2008年7月に新エネルギー法が再び改正されたが，家畜糞尿を原料とした場合の売電価格が4ユーロ・セント/kWh値上げされ，再生可能作物の利用と同じようなボーナスが出るようになった。

このように出口の価格が長期にわたって保証されていると収入計画が立てられるため，バイオガスプラントへの投資金額は自ら決まってくる。利潤を上げるために無駄な投資はしない。これがEUのプラントが安価である要因にもなっている。

表2 ドイツの売電価格(2004年条項追加後)。単位：ユーロ・セント/kWh，1ユーロ＝165円

発電量	基本料	再生可能作物	新技術	熱利用	合 計	日本円
150 kW 以下	11.2	6	2	2	21.2	35.0
500 kW 以上	9.6	6	2	2	19.6	32.3
1 MW 以上	8.6	4	2	2	16.6	27.4
20 MW 以上	8.2	0	0	2	10.2	16.7

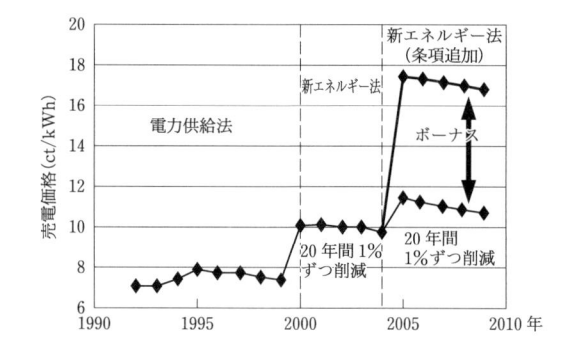

図3　ドイツのバイオガスプラントからの売電価格の推移

このような電力の高価買い取り政策はRPS法によって新エネルギーからの電力買い取り義務政策によるものである。しかしこの買い取り目標数値が日本では2010年で1.35%(122億kWh)と非常に低いのに対し，EU全体では22.0%(大規模水力を除くと12.5%)，ドイツでは12.5%(大規模水力を除くと10.3%)である。このようにEU諸国では買い取り義務量が多いため，新エネルギー電力の需要が多いにもかかわらず，供給はまだ十分でないために高額な買い取りになっているわけである。日本でもせめて目標数値を5%程度まで引き上げることができれば，買い取り価格は急上昇するものと考えられる。

2. バイオガスエネルギーの出口を探す

電気買い取り価格の上昇

バイオガスプラントからの電力に対するRPS法による北海道電力への売

表3 夜間の電気買い取り価格を上げた場合の農家・一般世帯への影響

酪農家戸数 (戸)	発電機出力 (kW)	農家売電価格 (円/kWh)	農家 夜間電力売電額 (万円/戸・年)	電力会社 上乗せ支払額 (万円)	電気料値上げ分 (円/年・世帯)
50	30	4.5	49.2	0	0.0
50	30	14.5	158.7	5,475	23.1
50	30	23.7	259.5	10,512	44.4
500	30	14.5	158.7	54,750	231.0
500	30	23.7	259.5	105,120	443.5
500	60	14.5	317.5	109,600	462.0
500	60	23.7	519.0	210,240	887.1

電価格は，夜間の10時間では4.5円/kWhである．これに対し酪農家の電力会社からの電気購入価格は平均で14.5円/kWh程度である．前述したように4.5円/kWhでは発電の採算が合わないためバイオガスを大気放出している農家もある．この夜間の売電価格4.5円/kWhを14.5円/kWhに上げた場合の農家の収入増は表3に示す通りである．

発電機30 kWを備えた酪農家のバイオガスプラントが全道で50戸あるとし，365日/年，10時間/日発電して14.5円/kWhで売電したとすると農家1戸当たり約158万円/年・戸の粗収入がある．電力会社は50戸分が支払額上乗せ分になるので約5,500万円の支出増になる．しかしこれを全道237万世帯に振り分けると23.1円/年・世帯の電気料値上げにしかならない．売電価格が一般家庭の購入価格約23.7円/kWhに上がったとすると酪農家の収入増は約260万円/年・戸となり，1年分のバイオガスプラント運転管理費を賄う金額になる．これによる一般世帯の電気代値上げ額は44.4円/年・世帯になる．私は北海道にバイオガスプラントを500基まで増やしたいと考えているが，500戸になると443.5円/年・世帯(37円/月・世帯)の値上げになる．

スウェーデンの一般家庭の電力購入単価は，原子力，水力，風力，バイオマスなどエネルギー源によって異なっている．消費者は自分の消費電力量に対しそれらエネルギー源から何％ずつ購入すると選択できる方式になっている．この方式の導入は，バイオガスプラントだけでなく，風力，太陽光発電などの普及にも大きく寄与するものでないかと考えられる．このようなバイオガスの出口は日本ではできないものであろうか．

バイオメタンの利用

　バイオガスプラントから発生するバイオガスには，約60％のメタンガスと約40％の二酸化炭素が含まれている。この他に毒性・腐食性の強い硫化水素が含まれている。バイオガスは一般的には，硫化水素だけを生物脱硫あるいは化学脱硫で除いてボイラー燃料あるいはエンジン燃料として使用する。バイオメタンとは，バイオガスから硫化水素と二酸化炭素も除いたメタンだけのことである。これは当然発熱量の高い良質の気体燃料となる。中空糸膜あるいは吸着技術法（VPSA: Vacuum Pressure Swing Adsorption）で二酸化炭素・硫化水素を除いて精製したバイオメタンを15 Mpa（150気圧）程度に圧縮してボンベに詰め，自動車燃料・家庭用燃料・工場用燃料として使おうという試みが北海道でも千歳市，足寄町，網走市，別海町などで実施されている。この方法によれば利用方法も増え，効率も高く使用できる。

　このガスの用途は別にして，精製圧縮したバイオメタンを販売してバイオガスの出口をつくろうと考えている。

　計算の詳細は省くが，現在北海道ガスが販売している都市ガス（13 A:46.0 MJ/N m³）の家庭用一般価格は196円/m³である。この都市ガス相当に換算するとバイオメタンの発熱量は35.6 MJ/Nm³であるので，152円/m³メタンとなる。さらにLPGは680円/m³程度であるので，これに換算すると230円/m³メタンに相当する。

　バイオガスプラント，精製圧縮装置の償却を考慮するとバイオメタンの価格がいくらになれば採算がとれるのか試算していないが，このようなバイオメタン販売も出口のひとつになると考えられる。ただ精製・圧縮法で1 MPa以上，100 m³/日のバイオメタンを生産すると高圧ガス保安法の規制を受ける。したがって酪農家規模でのバイオガスプラントでは1 MPa以下の低圧ガスでの利用・販売を考えるべきであろう。

　ドイツ・ミュンヘン市では，1,000 m³/時で発生するバイオガスから精製したバイオメタンをミュンヘン市の都市（天然）ガス配管に合流させているバイオガスプラントがすでに稼動している。ちなみにこのバイオガスプラントの材料はグラスサイレージ・コーンサイレージだけである。このようにバイオメタンを生産させてガスグリッドに連結するのは，ロシアからの天然ガス

の輸入量を減らすこと，バイオガス発電を主とするコージェネレーションでは熱の利用率が低くその結果総合効率も低いからである。

化学肥料・濃厚飼料の高騰と消化液の利用

　バイオガスプラントからの生成物としてバイオガスの他に発酵済の消化液がある。メタン発酵は密閉系の嫌気性で行われるため，消化液は開放系の堆肥発酵と比べると肥料成分は大量に含まれている。北海道の酪農家は消化液を散布する農地をもっているので，本州のプラントのように消化液を浄化処理して放流するということはやっていない。

　道内の酪農家では，耕種農家とともにこの消化液を牧草，デントコーン，小麦，タマネギなどに施用している。この結果，化学肥料の節減，作物収量の増加，作物品質の向上などの実績がある。特に牧草では消化液の利用によって化学肥料を半減しても収量の増加があり，乳牛の牧草サイレージの食い込みが良い，牧草が柔らかくなる，モアなど牧草カッターの刃の研ぐ回数が減った，放牧地に消化液を散布しても1週間もすれば牛はそこの草を食べるなど確実にその肥料効果や嗜好性改善などがあらわれてきている。このように良質の消化液は牧草の増収と品質の向上やさらに牛の健康を向上させる効果もあるようである。

　化学肥料が高騰している現在消化液の化学肥料代替の割合はますます高くなっている。消化液の利用によって北海道酪農は，濃厚飼料多給型から草地利用型にだんだん移行するときがきたように思われる。

バイオガスプラントの評価は総合的に

　バイオガスプラントは家畜糞尿処理が適切にできるということを第一義に考えるべきである。これには，①悪臭が少なくなる，②肥料効果が上がる，③化学肥料を削減できる，④農産物の収量が増大する，⑤農産物の品質が向上する，⑥濃厚飼料を削減できる，⑦牛の健康が図られる，⑧これによる経済的効果が期待できる，という多方面の効果があらわれてくる。

　次には，農家が期待しているエネルギーの取得ができることである。コージェネレーションによる電気と熱の取得あるいはバイオメタンの取得が期待

できる。しかしこれらは投資の割には収入は少なく期待はずれになることが多い。エネルギー利用は酪農家のサイト内利用ができるところでは電気料削減，石油使用量削減などの経済価値は大きいが，これらの系外への販売ではあまり経済的効果はないと考えた方がいい。

　最後にはバイオガスプラントは環境に優しいということである。バイオガスプラントはバイオ燃料をつくるために食糧とは競合しない廃棄物を原料とするのが一般的である。またバイオガスプラントは酪農における従来の家畜糞尿処理（堆肥，従来型液状処理）に比べて温室効果ガスの発生量が削減できることが，酪農学園大学干場信司教授をヘッドとしたNEDOの研究結果から明らかになっている（学校法人酪農学園大学，2006）。このようにバイオガスプラントは地球温暖化防止の効果がある。さらには生ゴミなど副資材を受け入れれば環境に優しい処理もできるし大きな収入も見込まれる。

　図4に示すようにバイオガスプラントは肥料，エネルギー，環境と総合的に経済的評価することによって現在でもメリットを計算することができると思われる。

　しかし現在のところ，バイオガスプラントを確実に経済的・エネルギー的・環境的効果あるものとして使える酪農家は，①消化液を散布するのに十分な農地を保有すること，②サイト内で発生した電気をほとんど使ってしまう施設があること，という条件が必要であり北海道でも数が限られてしまう。これを何とか売電価格の上昇，バイオメタンの販売，消化液の利用によって

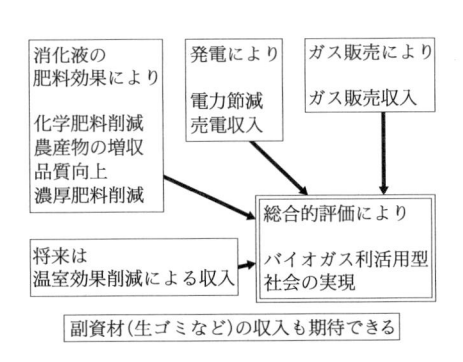

図4　バイオガスプラントの総合評価

3. バイオエタノール製造による北海道の農業再構築

食糧自給率

バイオエタノールはアメリカ合衆国，ブラジル，中国，EUと世界中で盛んに行われるようになってきた。このためアメリカ合衆国のバイオエタノール製造によるトウモロコシ価格の高騰によって畜産飼料ばかりでなく，日常の食品の値上がりも生じている。また世界的には飢餓の地域もみられるのに食糧を食用でないバイオ燃料に加工するのは間違いであるという批判も強い。

一方，日本においては2007年に農林水産省の補助により，バイオエタノール製造工場が十勝清水，苫小牧，新潟に設置されることが決定し，すでに建設が進んでいる。このプロジェクトによれば屑小麦・ビート・米などの農産物を利用して年間バイオエタノール3.1万kL製造する計画である。このプロジェクトで使用される原料農産物は実は全農産物に比べれば微々たる量である。EUでもバイオエタノール製造に使われている小麦は，EUでの全生産量の1%にしかなっていない。しかしこのプロジェクトでも昨今の飼料など穀類の高騰で原料穀物を集めるのが容易ではない。

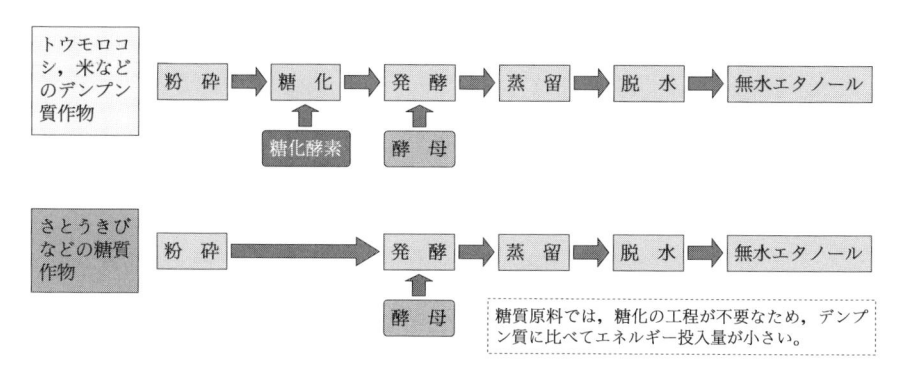

図5　バイオエタノールの製造方法（農林水産省ホームページより）。一般に，さとうきびなどの糖質やトウモロコシ，米などのデンプン質作物を原料に，これらを糖化・発酵させ，濃度99.5%以上の無水エタノールにまで蒸留してつくられる。稲わらや廃材などのセルロース系の原料から，エタノールを製造することも技術的には可能。

問題は将来日本がもしバイオエタノール製造を継続するならば，原料農産物を供給できるかどうかである。さらにいえば将来日本人が飢えないだけの農産物を国内で生産できるかどうかである。日本の食糧自給率は1961(昭和36)年にはカロリーベースで78％あった。しかしこの46年間で2007年の39％にまで減少した。さらに飼料自給率は24％である。これしか生産されていない食糧や飼料を，長期にわたってバイオエタノール製造原料に回すことはできないのは明らかである。食糧をバイオエタノール製造に転用する問題よりも食糧自給率，飼料自給率が非常に低いことの方が圧倒的に大きな問題である。

　私はバイオエタノール製造をきっかけにして，日本の主として水稲栽培を復活し食糧自給率，なかでも穀物自給率を上げて，近い将来必ずくると予想される食糧不足に備えることが重要と考えている。

なぜ北海道でバイオエタノールを製造するのか

　日本の農地はあまっているといっても過言でない。2003年現在，日本の米の生産調整面積すなわち転作水田は102.2万haで，そのうち実績算入といわれる耕作放棄地は28.2万haであった。しかしそれが2006年には39万haに増加している。北海道についていえば2006年度の水田面積は11.5万haでそこから64万トンの米を収穫している。2003年度の転作水田面積は13.6万haであるから現在はさらに増加していると考えられる。この転作田の半分を水田に戻すだけでも30万トン以上の米が収穫できることになる。実はそれ以上問題なのは耕作放棄地である。北海道における耕作放棄地は2005年度で1.9万ha，1年間何も作付けしていない不作付地は1.3万ha存在する。

　バイオエタノール用原料作物はいずれの国でも最重要農産物であり過剰生産農産物である。日本農業で最も適した過剰農産物は米である。バイオエタノール米を生産する水田は万一の場合はすぐに食用米栽培に転用できるのは当然である。農地がすぐに使えるような状態になっていなければ農地とはいえないし，食糧生産の役割を果たさない。農地を再生させるきっかけにバイオエタノール米栽培すなわちバイオエタノール製造を行おうということであ

表4 作物からのバイオエタノール製造量

	生産量(kL/t)	収量(t/ha)	生産量(kL/ha)
米	0.45	5.0	2.4
小麦	0.43	5.0	2.0
てんさい	0.10	59.0	5.9
さとうきび	(糖蜜：0.32)	62.0	(砂糖7.4 t)
糖蜜		(糖蜜2.0 t)	0.65
トウモロコシ	0.40	8.6	3.4

る。地球温暖化防止などグローバルな環境改善の目的のために水田を復活させてバイオエタノール米を生産するといえば，日本国民は非常に納得しやすいのではないかと考えられる。食糧は将来とも輸入に頼ればいいと考えている人でも地球温暖化防止のための米づくりとなれば納得するのではないかと考えるのである。

しかし最終的にはバイオエタノールは，日本の食糧生産のために，農業振興，農地保全のために製造するのである。そうしなければならない。

農水省が示している農地面積当たりの理論的バイオエタノール生産量は表4に示す通りである。

これによれば耕作放棄地1.9万haで米を栽培すれば4.1万kL，不作付け地1.3万haからは2.8万kL併せて6.9万kLのバイオエタノールが理論的には製造可能である。ちなみに全国の耕作放棄地39万haに米を栽培すれば83.8万kLが製造可能となる。

水稲を原料とするのは，①水稲は日本の最重要作物であること，②万が一の食糧危機の場合に食糧に変わりうること，③水田を保全できること，④多面的機能を発現できること，⑤米は飼料にもバイオガス・バイオエタノールの原料にもなること，⑥稲わらは家畜の飼料・敷料になること，⑦栽培技術があること，⑧農家の稲栽培意欲を高めることなどの理由による。なぜ小麦やトウモロコシでなく水稲かという疑問もある。確かに水稲よりも小麦の方が生産効率は良い。したがって畑作地帯や水稲の裏作では麦を栽培することも考えるべきであろう。

以上のようにバイオエタノール製造は，第一に近い将来予想される食糧不足に対処する食糧生産のためである(表5，6)。バイオエタノール製造を水稲

表5 主要先進国の食糧自給率(カロリーベース)の推移(試算)。単位:％

	1961	1971	1981	1991	2003
	昭和36	46	56	平成3	15
オーストラリア	204	211	256	209	237
カナダ	102	134	171	178	145
フランス	99	114	137	145	122
ドイツ	67	73	80	92	84
イタリア	90	82	83	81	62
オランダ	67	70	83	73	58
スペイン	93	100	86	94	89
スウェーデン	90	88	95	83	84
スイス	51	49	56	62	49
イギリス	42	50	66	77	70
アメリカ合衆国	119	118	162	124	128
日本	78	58	52	46	40

表6 穀物自給率(FAOSTAT, 2003より)。単位:％

オーストラリア	333	インド	98
アルゼンチン	249	ブラジル	91
ウルグアイ	205	南アフリカ	85
フランス	173	エチオピア	79
タイ	162	イラン	76
カナダ	146	イタリア	73
アメリカ合衆国	132	ニュージーランド	71
スウェーデン	122	エジプト	65
ドイツ	101	メキシコ	64
中国	100	韓国	28
イギリス	99	日本	27
ロシア	99	アイスランド	0

生産再構築のきっかけにするのである。食糧生産の基盤である農地特に水田の復活を急がなければならない。

さらにバイオエタノールを製造する第二の理由は，日本にはバイオエタノールを大量に製造する技術がなくこれを取得するためには国家プロジェクトでやる必要があることである。日本にもかつてアルコール専売公社があった時代には，数百トンの発酵槽でアルコールを製造する技術はあった。しかし現在は農林水産省のデータではバイオエタノールの生産量は年間30 kL

しかなく，実験室規模で製造する技術しかない。現在世界では，アメリカ合衆国，ブラジル，中国，EU で大量に生産しており，タイでも来年からは輸出できるほどの生産量になってきている。日本は残念ながらバイオエタノール製造に関しては世界の後進国である。これは将来のアルコールの必要性から考えて由々しき事実である。日本は大量にバイオエタノールを生産する技術をもつことを急がねばならない。

さらに第三の理由は将来バイオエタノール使用が普及した場合，海外特にブラジルなどから輸入せざるを得ないのは明らかである。レギュラーガソリンが E5（バイオエタノール 5％混合ガソリン）であるスウェーデンでは，国内生産量は全消費量の 20％にすぎなく，80％は輸入である。しかし国内生産があることは，この輸入などのエネルギー問題での外交戦略において切り札になるのである。国内生産がゼロかある割合で製造しているかでは，エネルギー外交戦略では大きな違いが出る。せめて日本も E10 を目指した 2030 年には 600 万 kL 製造するという量の 0.5％すなわち 30 万 kL の製造量は早急に確保したいものである。この量は前述したように水田の耕作放棄地からのバイオエタノール米によっても十分生産できる量である。

このようにバイオエタノール製造は，第一に食糧生産のためであり，第二に製造技術取得のためであり，さらにエネルギー外交戦略のためと考えている。

また食糧生産を最重要視するのは，将来にわたって農産物が輸入できるという保障がないからである。

BRICs 4 か国をはじめとする経済振興国の食糧輸入量は急激に増大してきており，市場で日本の商社が買い負けする状態もあるという。すでに食糧は市場で確保するのは難しく生産の場（農地）を押さえないと買えないとさえいわれるようになってきている。さらに聞き慣れない「穀物ナショナリズム」という穀物の輸出制限をしている国が増加してきているという事実がある（表 7）。ロシア，中国，アルゼンチン，インド，ウクライナ，カザフスタン，EU，オーストラリア，韓国，ブラジルなどは輸出制限を始めている。これらに対処するためにも日本での米，小麦，大豆などの穀物生産は緊急を要する問題である。

表7 穀物ナショナリズムの増加。食糧の輸出規制をしている国々

国	内容
アルゼンチン	トウモロコシ，小麦の輸出承認原則停止，牛肉に輸出枠設定，大豆・乳製品に輸出税
インド	小麦，米　輸出禁止
中国	米，小麦，トウモロコシ，大豆，ソバなどに輸出税
ベトナム	政府契約などを除き米の輸出禁止
ロシア	小麦，大麦に輸出税
ブラジル	政府米の輸出禁止
バングラデシュ	米　輸出禁止
タンザニア	食用作物の輸出禁止
エジプト	米　輸出禁止
セルビア	小麦，小麦粉，トウモロコシ，大豆などの輸出原則禁止
ウクライナ	小麦，大麦，ライ麦　輸出枠設定
カザフスタン	小麦　輸出禁止
ネパール	米，小麦　輸出禁止
インドネシア	米　輸出禁止
パキスタン	政府契約を除き小麦輸出禁止
カンボジア	米　輸出禁止

バイオエタノール製造は北海道農業・日本農業を見直すきっかけになる

　食糧となる穀物からバイオエタノールを製造するのは確かに問題あるだろう。しかし日本に限っていえばバイオエタノール製造は日本農業を見直す良いきっかけになると考えられる。今のままでは，耕作放棄地はますます増加し自給率が低下するのは明らかである。議論を続けているだけでは農業は衰退するだけである。1日も早い手当が必要である。まず水稲生産をするための水田の復活が必要である。

　水田が，水稲栽培が復活すれば，バイオエタノール生産でなくてもいいわけである。主目的は食用であり，飼料用，加工用，エネルギー用の順番に使えばいいのである。このためには大量の米を生産しなければならない。重要なことは農地を復活させるきっかけにエネルギー作物を栽培したいのである。

　水田を復活させ，低コストで水稲を栽培するためには，莫大な資金と技術が必要である。この財源として今問題になっている道路特定財源などを当てることはできないものなのか。

　低コストでの水稲栽培のためには，農地整備，大型化といった基盤整備とともに，栽培・収穫・乾燥・貯蔵技術が必要である。それに最も重要なもの

では農業用水の手当てである。もし転作田をすべて復活させたら現在では水が足りないのは明らかである。これらの整備，技術修得は一朝一夕になるものではない。このためすぐにでも始めなければならない課題である。

　バイオエタノール製造をきっかけに，農地保全，農地の多面的機能の確保，食糧安保，非常時の米生産，農家の米栽培意欲の保持などを目的に農業を見直すことが必要である。
　米や小麦などデンプンからは既往の技術でバイオエタノールが生産できる。しかしデンプン系作物は食糧・飼料と競合する。ただデンプンや糖からのバイオエタノール製造はワンポイントリリーフと考えられる。将来は多分10年以内に，稲わらなどソフトセルロース(草本系)からのバイオエタノール製造技術が完成し，さらに10年以内にリグニンの多い杉など木質系からもバイオエタノールの生産が始まるだろう(図6)。
　ソフトセルロースである稲わらからバイオエタノールを製造するためには，米を生産しなければ稲わらは得られないのである。幸いなことに北海道には稲わら，麦わらなどの非食用バイオマスの賦存量は多い。これら生産のためにも農業を復活させなければならない。
　これを夢物語で終わらせないためには，食糧生産，農業振興政策を見直す

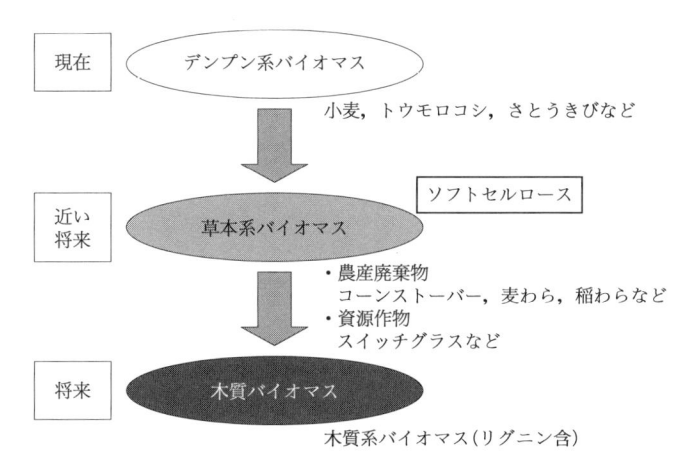

図6　バイオエタノール製造のためのバイオマス資源の利用展開

とともに，バイオマスエネルギーの出口をつくる実効ある政策をすぐにでも推進しなければならない。日本はバイオマスエネルギーどころか食糧の確保も難しくなる日が近づいていることを自覚しなければならない。

［引用・参考文献］

学校法人酪農学園大学(プロジェクトメンバー：干場信司・松中照夫・澤本卓治・松田従三・長田隆・日向貴久・高橋圭二・関口建二・木村義影). 2006. 家畜ふん尿用バイオガスシステムのLCAに関する研究開発. 平成15年度成果報告書 二酸化炭素固定化・有効利用技術等対策事業 製品等ライフサイクル二酸化炭素排出評価実証等技術開発 地域産業に係わるLCA. 60 pp. NEDO.

http://www.maff.go.jp/j/biomass/b_energy/pdf/bea_01.pdf

http://www.tech.nedo.go.jp/servlet/HoukokushoKensakuServlet?db＝n&kensakuHoho＝Barcode_Kensaku&SERCHBARCODE＝100004024

第11章 水素エネルギーを活用する低炭素社会の実現

東京農業大学総合研究所・北海道大学名誉教授/市川　勝

1. 水素・燃料電池とともに暮らす「水素エネルギー社会」

　21世紀をむかえた現在，地球規模での環境破壊，人口の爆発的な増加，エネルギーや資源の大量消費，それにともなう石油価格の高騰など人類はこれまでにない深刻な課題を抱えている。石炭，石油など炭素資源を燃料とする膨大なエネルギー消費によって，大気圏における地球温暖化物質二酸化炭素の濃度が急速に増加している。その結果，21世紀中には地球の気温が現在より1.4～5.8℃上昇して，海面が10～90 cmほど高まることから，南洋諸島や低海面の都市域が水没する不安がある。さらに，アメリカ合衆国の山火事・ハリケーン災害やアフリカ・インドにおける大規模な干ばつ，中東地域の砂漠化の広がりなど世界規模の甚大な自然被害がテレビや新聞に連日のように報道される。こうした地球温暖化に起因する我々の暮らしの不安や地球環境の危機を，どのようにして取り除くことができるのであろうか。

　過去数億年の間に蓄積された石炭，石油などの化石資源を，人類の暮らしや産業のための燃料として利用したのは，たかだか数百年前のことである。この短い期間において，人類は豊かさと繁栄を求めて，地球温暖化物質二酸化炭素を排出しながら，それらの可採埋蔵量の大半を消費し尽した。今こそ，これまでの炭素資源に依存するエネルギー消費のあり方を変える必要がある。

ここにきて，石炭や石油に代えて二酸化炭素を排出しない「水素」を燃料にする水素エネルギーに期待が高まっている。水素を暮らしに取り入れる低炭素社会の幕開けである。

　水素と酸素の燃焼熱を高効率で電気と熱に変換して，「燃え滓は水だけ」の化学発電機が燃料電池である。水素があれば，どこにいても燃料電池を用いて，手づくりの電気を利用することができる。加えて，水素は，「電気の運び手」の働きをする。この優れた特性のおかげで，水素を仲立ちにして，電気を貯蔵して運ぶ新しいエネルギーシステムができあがる。地域特性を活かした水力発電，風力発電，太陽光発電，バイオマスを用いて水素を製造して，都市やコミュニティに運んで，各家庭や工場において水素を電気や熱に変える。また，燃料電池自動車や水素エンジン自動車の燃料として水素を利用することができる。まさに，水素は地域と都市をつなぐ，送電線に代わる第二のエネルギー・ハイウェーである。

　地球では，水素は「水」という形で存在しているので，まず水から水素を取り出す工夫をする。その水素から，燃料電池という仕組みで電気と熱エネルギーを取り出して，生活や産業に利用する。利用後は再び，自然の水循環に戻す。こうした水－水素循環でのエネルギー消費の過程では，炭素(C)というものが介在せず，したがって二酸化炭素が発生しない。原理的に考えて水－水素循環が，最も環境負荷が低く，かつ効率的な究極の「クリーンエネルギーサイクル」である。一方，二酸化炭素が地球温暖化効果への寄与の7割を占め，わが国の二酸化炭素排出の8割以上は，石炭，石油などの炭素資源を消費するエネルギー起源(自動車，火力発電所，工場など)である炭素社会の問題点を指摘したい。ここでは，水素エネルギーを活用する低炭素社会の実現に向けて，太陽光(熱)，風力，波力，地熱などの再生可能なエネルギーやバイオマスからの水素製造，安全で経済的な新しい水素の貯蔵・運搬技術など，水素・燃料電池システムを利用する二酸化炭素排出削減策に関連した実用化技術と開発事例を紹介する。

2. 水素・燃料電池導入による社会的インパクトと二酸化炭素排出削減効果

　19世紀中ごろに英国のグローブ卿が初めて行った水素と酸素を用いる燃料電池の実証実験以降，燃料電池の実用化に向けて大きな展開はみられなかった。しかるに，20世紀後半におけるアメリカ合衆国の宇宙開発において，燃料電池の開発に拍車がかけられた。燃料電池は，宇宙船のエンジン燃料である水素と酸素を用いて電力と飲用水を提供できる。また，高いエネルギー変換効率と軽量・コンパクトな燃料電池が注目され，宇宙船用の電源として採用された。1962年ジェミニ計画にはGE社(General Electronics Co.)の「白金触媒を用いる高分子イオン交換膜燃料電池(PEMFC)」が，1968年の月探査アポロ計画には，「非白金系触媒のアルカリ型燃料電池」が使われた。1990年以降のスペースシャトル計画では，さらに改良された軽量・コンパクトで高性能な燃料電池が開発された。これら宇宙開発の波及効果として図1に示すような，自動車，家庭発電および携帯電話，パソコンなどの家電機器への燃料電池の応用と実用化に向けた産官学の技術開発につながった。こうして，水素を利用する燃料電池が「宇宙」から「家庭や暮らし」のなかに入り込んできたわけである。

　具体的な燃料電池システムの国内導入事例として，2005年に東京ガス，大阪ガスや新日本石油によって定置式燃料電池が，試験的に家庭へ導入されて実用化の実証検討が進められている。家庭に供給される都市ガス(天然ガス)やLPG(液化石油ガス)を改質してオンサイトで水素を取り出す方式である。精製された純水素を燃料電池に供給して，空気中の酸素と反応させて電気を起こし，その電気を家庭のTV，照明や調理器に利用する。また，燃料電池で60〜80℃くらいのお湯ができるため，これを床暖房やお風呂に利用する。1kW級家庭用燃料電池で家庭全体の使用電力の15%くらいを賄うことになる。家庭における燃料電池導入の意義を示すひとつの指標として，1kW級燃料電池を備えた家庭の場合，光熱費と二酸化炭素排出量の削減率に着目したモデル試算結果を図2に示す。鹿児島，大阪，東京における年間光熱費削

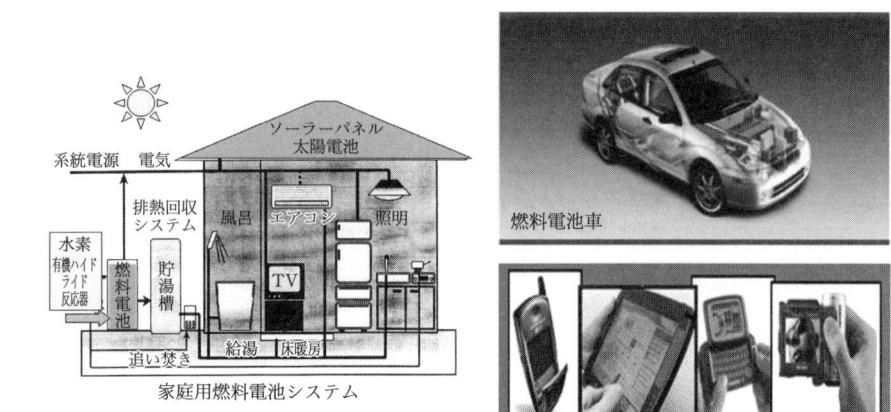

図1 水素エネルギーを利用する家庭用燃料電池システム。燃料電池自動車および燃料電池搭載の家電器の事例

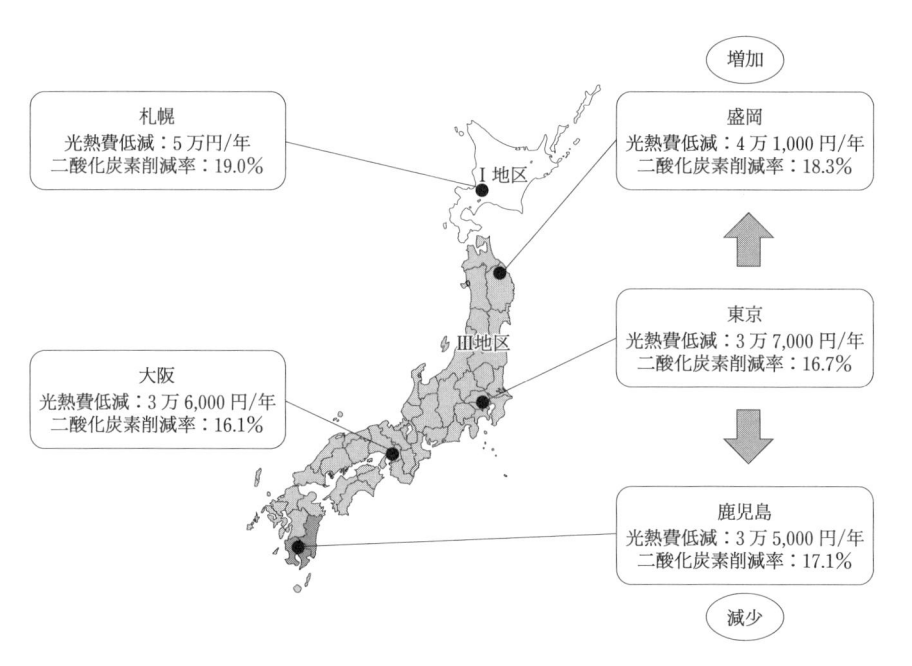

図2 家庭用1kWh燃料電池を使用する場合の年間光熱費の削減効果と二酸化炭素排出削減率についての地域別比較

減は 3 万 5,000～3 万 7,000 円であり，二酸化炭素排出削減率は 16～17% となる。一方，北方地域の盛岡，札幌において年間光熱費削減は 4 万 1,000～5 万円と 18% 以上の二酸化炭素排出削減に寄与する効果が得られている。熱利用が多い北方地域ほど燃料電池の導入による光熱費と二酸化炭素排出の削減率が高く，その恩恵が得られる。燃料電池が普及する将来時点では，燃料電池の価格は 1 kW 当たり 50 万円程度になると予想される。その半額が国から補助されるとして，だいたい 5 年間で燃料電池購入費の元が取れるというわけである。このように寒冷地である東北，北海道は，水素や燃料電池の導入による省エネルギー効果とともに二酸化炭素排出削減効果において実効性の高い有利な地域といえる。

　すでに 2003 年には，トヨタ，日産，それからホンダから 350 km 走行可能な燃料電池自動車が市場導入され，リース販売を含め実用販売が行われている。さらに，我々の生活必需品になっている携帯電話やパソコン，あるいはナースロボットや産業ロボットなど用の小型燃料電池の実用化開発がソニー，NEC，ホンダ技研，日立製作所において 2010 年の市販に向け検討されている。電気コードを必要としない，さまざまな燃料電池を搭載した電化製品が暮らしのなかで身近になってくると思われる。

　水素・燃料電池システムの実用化と本格的な市場導入は，経済・社会へのインパクトと二酸化炭素排出削減効果が期待される。2002 年時における経済産業省による燃料電池の市場導入シナリオと経済効果の試算を以下に述べる。燃料電池自動車が 2010 年には 5 万台，2020 年には 500 万台に普及し，自動車エンジンの約 10～15% が燃料電池に変わることになっている。また，1～5 kW 級の定置式燃料電池は，2010 年に発電総量は 210 万 kW，2020 年には 1,000 万 kW まで普及し，一般家庭の 10～15% が燃料電池を導入する見通しである。さらに，携帯電話やパソコンなどのポータブル家電に導入された場合の市場効果は，2010 年で約 25 億円，2020 年で約 250 億円に達する。自動車および家庭用などの燃料電池全体のマーケットへの影響は 2010 年が 2 兆円，2020 年は 10 兆円と，大きな経済効果が予想される。このように，燃料電池は我々の身近な生活にまで普及し，地域の産業振興を推し進め，経済力を高める可能性を有している。一方，わが国の 2020 年に向けての水

素・燃料電池導入による二酸化炭素排出削減効果は，想定の普及シナリオによると自動車・民生部門において9〜16%相当と試算されている．

3. 水素の製造技術の課題——グリーン水素の製造

工業的な水素製造は，石炭・石油・天然ガスなどの化石資源，それらから得られるメタノールやLPG(液体石油ガス：プロパン)などを用いた水蒸気改質技術によって行われる．この場合，表1に示すように，製造する水素とほぼ同量の二酸化炭素が生成する．水素は温暖化を防ぐクリーン化の切り札であるにもかかわらず，その水素を製造する際に二酸化炭素が排出されるのでは望ましくない．一方，水の電気分解では，二酸化炭素を排出することなく水素が製造される．しかしながら，石炭，石油や天然ガスを用いる火力発電の水電解では，クリーンな水素は得られない．火力発電において二酸化炭素の排出が避けられないためである．最近では再生可能なエネルギー，例えば太陽光や風力発電や水力発電を利用する二酸化炭素排出ゼロの「グリーン水素」の製造法に関心が高まっている．また，二酸化炭素を出さない原子力発電の電力や高温原子炉熱を利用する原子炉水素の検討も進められている．一方，生物起源のバイオマスはカーボン・ニュートラルの特性(燃焼などで二酸化炭素が排出されても再び森林などに生物固定される炭素であり，これが均衡する限り地

表1 石油系ナフサ，都市ガス(天然ガス)およびメタノール改質での水素製造と自然エネルギー(太陽光，風力および水力発電)水電解の水素製造における二酸化炭素排出量の比較

製造方法	二酸化炭素(kg/H_2kg)
ナフサ改質*	14.5
メタノール改質*	12.0
都市ガス改質	11.3
水電解(太陽光)[*2]	3.6
水電解(風力)[*2]	1.9
水電解(水力)[*2]	0.7

* 原料製造時の二酸化炭素発生量を含んでいない
[*2] 設備建設の二酸化炭素排出を考慮

第11章 水素エネルギーを活用する低炭素社会の実現　181

```
              二酸化炭素排出量比(ガソリン自動車を1.0とする)
              0    0.2    0.4    0.6    0.8    1.0
ガソリン自動車
ディーゼル自動車
ハイブリッドガソリン自動車
ハイブリッドディーゼル自動車         バイオマス発電,
                                   原子力発電       石炭
電気自動車                                         火力発電
燃料電池自動車(FCHV)
  市販FCHV車
  天然ガス起源水素使用
  石炭起源水素使用
  風力発電水素使用         ■ 井戸元からタンクまでのCO₂排出
  バイオガス起源水素使用     □ タンクから車上までのCO₂排出
```

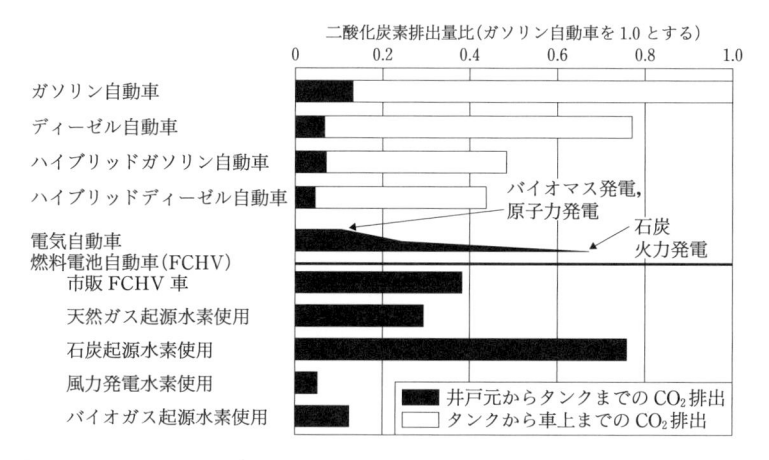

図3 ガソリン自動車の二酸化炭素排出量に対するディーゼル自動車，ハイブリッド自動車，電気自動車(発電所の使用燃料により異なる)，および燃料電池自動車(水素の製造原料と製造法により異なる)のLCA的二酸化炭素排出量の比較

球温暖化には寄与しない)を有しており，バイオマスを利用して得られる水素もグリーン水素と呼ぶことができる。図3に示すように，一般乗用車の二酸化炭素排出量についてガソリン自動車を1とした場合，燃料電池自動車の二酸化炭素排出量は使用する水素の製造法や原料に依存することがわかる。石炭や天然ガス起源の水素を用いる燃料電池自動車の二酸化炭素排出量はディーゼルエンジン自動車なみであり，二酸化炭素削減効果は不十分である。一方，風力，水力発電やバイオマス起源で得られるグリーン水素を利用する燃料電池自動車は，最も二酸化炭素排出量を低減できる(ガソリン自動車二酸化炭素排出量比で0.05～0.15)。身近にグリーン水素を取り入れる暮らしが，理想的な低炭素社会といえよう。

4. ゴミや家畜糞尿も水素資源——地域エネルギーの自立化と二酸化炭素排出削減

燃料電池の燃料である水素の供給は，何億年もかけてつくられた化石燃料ばかりではない。今まで利用されることなく捨てられてきた森林廃材や畜

産・農業から排出される有機廃棄物も，少し手を加えるだけで水素製造の原料として利用できる。その一例が，サッポロビール工場の排水から得られるメタンガスを原料にした燃料電池用の水素製造プラントである。ビール滓成分から嫌気性細菌(酸素を嫌う細菌)を用いてメタンガスを取り出して，メタンガスの水蒸気改質で得られた水素を用いて燃料電池で発電を行う。今までメタンガスは焼却されるのが普通であったが，ビール会社の工場では，これによって工場全体の電力の数％が賄われる。産業分野，市民生活や農業・畜産分野などから排出する廃棄物を利用する水素の製造とこれによる燃料電池発電や排熱利用が注目されている。コークス工場やアルミ工場のアルミ排材から製造される副生水素量は，1日35万 Nm³ であり，燃料電池利用すると2万kWの電力が得られる。さらに，食品製造工場から排出する砂糖，ビール残渣やデンプンなどの廃棄物は650トン/日であり，これらをメタンや水素発酵に加えて，メタンの水蒸気改質で水素を製造して燃料電池発電をすると3万5,000 kW電力供給ができる。また，レストランや食品工場から1日2,600トンの生ゴミや食品廃棄物を用いて得られるバイオガスからは約1万1,000 kWの発電が期待できる。人口57万人の都市における下水道の嫌気性処理で得られる消化ガスからは5万kW電力が地域のコミュニティに還元されうる。さらに，人口1万人の北海道別海町には約10万頭の乳牛が飼育されており，1日5,000トンの糞尿が排出する。これらの畜産廃棄物を回収して得られるバイオガス(約15万 Nm³/日)を利用して水素を製造して1kW燃料電池で発電するとして8,000軒の畜産農家に電力を供給できる。加えて，水素や有機ハイドライドを燃料に用いる農作業トラクターや農機具の活用などにより，経費負担の大きな灯油使用を低減して農村地域のエネルギー自立化に向けた成果のみならず，バイオガス起源の水素エネルギー利用により10～15％の二酸化炭素排出削減効果が期待できる。

5. 風力・太陽光を利用する水素製造と二酸化炭素排出削減効果

古来人類は，風力を穀物の製粉などの機械動力として利用してきた。最近では，自然エネルギー利用としての風力発電に関心が高まっている。風力条

件の有利な北海道，東北地域を中心に，2010年目標の300万kWh達成に向けて大規模な風力発電施設の建設が進められる．しかし，風力発電のエネルギー密度は平均2.4 W/m²と低い．また，季節や気候の変化により，風力発電の電力変動が不安定であり，風力発電の稼動率は15〜30%程度である．通常は，風力発電の電力を系統電源につなぎ売電することが検討されているが，風力電力の不安定性のために電力価格は低く抑えられており，十分に利用されていないのが現状である．そこで，風力電力や夜間発電の有効利用を目的として，風力電力を用いるウィンド水素(風力発電の電力を利用して製造される水素を呼ぶ)の製造と有機ハイドライドを利用する水素の貯蔵・運搬技術開発が，札幌市にある㈱フレイン・エナジーを中心に進められている．1,000 kW級の中規模な風力発電プラント1基の電力から水電解法でウィンド水素を生産すると，水素の年間製造量は約53万Nm³である(燃料電池自動車(FCV)1台の年間走行に必要な水素量は750 Nm³(NEDO 2000年報告書)であるので，約700台のFC自動車へ必要な水素量に相当する)．北海道稚内市(人口10万人)に建設された宗谷岬ウィンドファームには1 MW級風力発電プラントが57基ある．単純計算では，すべての風力電気を水素製造に利用するとして3万5,000台のFC自動車やバスの運行に必要な水素の供給が可能である．燃料電池を家庭発電と温水の供給に利用する場合は，1 kW級燃料電池を備えた約1,500戸(稼働率30%)の家庭や事務所にウィンド水素を供給できる(風力発電の稼働率を約30%として，年間電力量は263万kWhとなる．一般的な水電解での水素製造能力は1 kWh当たり0.2 m³/hである)．この地域のウィンド水素をエネルギー利用する二酸化炭素排出削減効果は10〜15%と試算される．

太陽光エネルギーは，人類究極のクリーンエネルギーである．わずか1時間の太陽光の照射で，人類が1年間に消費する石炭，石油や天然ガスなどの化石燃料に相当するエネルギー(1.0×10^{14} kWh)が地表に降り注ぐ．国内の新エネルギー需給見通し(2010年に原油換算で1,910万kL)において，そのうち23%の439万kLを太陽光の有効利用で賄うことになる．ソーラーハウスの太陽電池パネル1 m²当たり100 Whの電力が得られる．一般家屋の屋上に取り付けた太陽電池パネル(4 m×10 m)で4 kWhが発電される．年間の稼働率を20%とすると，この太陽電池の電力で水を電気分解して，1,400 m³の

水素が製造できる。各家庭で2台の燃料電池自動車を1年間走行するのに必要な水素量に相当する。太陽光発電やその水素利用における総合的な二酸化炭素排出削減効果は6〜10%と試算される。

6. 水素を石油で運ぶ有機ハイドライド技術

近年，化学的に安定であり，水素を化学反応で高密度貯蔵し，また燃料電池に水素を簡便で高効率に供給できる液体の有機材料「有機ハイドライド」に関心が集まっている。ベンゼンやトルエンは，3分子の水素が結合してシクロヘキサンに変換し，水素が貯蔵される。図4に示すように，白金触媒の存在下，150℃以上に加熱するとシクロヘキサンは水素を発生して，元のベンゼンに戻る。これら有機ハイドライドは，水素ガスを1/700〜800の容積に圧縮して貯蔵できる。この有機ハイドライド技術は，従来の水素貯蔵供給技術(水素貯蔵合金，水素圧縮ボンベ，カーボンナノチューブなど)に比べ，重量水素含有率(6〜7%)と体積水素含有率(70〜100 kgH$_2$/m^3)が高く，軽量でコンパクトな水素の貯蔵と運搬が可能である。シクロヘキサンやデカリンの水素貯蔵・運搬性能は，DOE(アメリカ合衆国エネルギー省)やアメリカ合衆国自動車工業会が将来のFC自動車用の水素貯蔵媒体に求める目標性能値を，すでにクリアしている唯一の材料である。自動車用，家庭発電，携帯電話，パソコン，ロボット用などの多様な分散型燃料電池に向けて，有機ハイドライドは水素の貯蔵と供給に優れた水素の貯蔵・運搬材料である。2000年には北海道大学市川研究室において企業との共同研究で，有機ハイドライドから高速で水素を取り出す「パルス噴霧式触媒反応器」が開発された。最近には，自動車に搭載可能なメチルシクロヘキサンやデカリンを用いる小型の高速水素供給装置や風力発電のウィンド水素を有機ハイドライド貯蔵する高速水素化反応装置が開発された。2002〜2005年の国土交通省北海道プロジェクトにおいて，水素ステーション用の大型水素供給装置の実証試験が行われた。1日当たり10台の燃料電池自動車や水素エンジン自動車に水素を供給する性能を有する。有機ハイドライド技術は，水素の大量輸送や長距離輸送に優れており，とりわけ既存のインフラ設備，例えば，ガソリンスタンドを利用できる

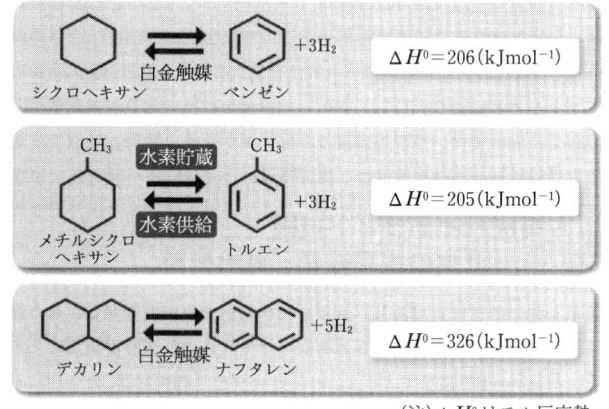

シクロヘキサン ⇌(白金触媒) ベンゼン +3H₂ $\Delta H^0 = 206 \,(\text{kJmol}^{-1})$

メチルシクロヘキサン ⇌(水素貯蔵/水素供給) トルエン +3H₂ $\Delta H^0 = 205 \,(\text{kJmol}^{-1})$

デカリン ⇌(白金触媒) ナフタレン +5H₂ $\Delta H^0 = 326 \,(\text{kJmol}^{-1})$

(注) ΔH^0 はモル反応熱

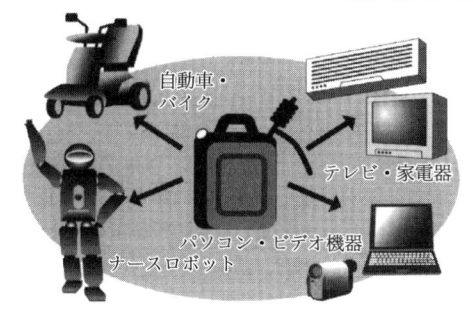

図4 有機ハイドライドを利用する水素貯蔵(水素化反応)と水素供給(脱水素反応)のリサイクル反応機溝とさまざまな燃料電池システムへの安全で簡便な水素供給の応用例

点が評価される。オフサイトの石油精製所や製鉄工場で発生する副生水素を，有機ハイドライドを利用して貯蔵し，既存の石油インフラを利用して輸送ができる。タンクローリーやJR貨物車などの配送手段で有機ハイドライドを運び，ガソリンスタンドに併設する水素ステーションの貯蔵タンクに備蓄する。有機ハイドライドから水素を取り出して，昇圧(350気圧)後水素デスペンサーより燃料電池自動車に直接供給する。水素を消費した後の石油系アロマを帰路のタンクローリーで，石油精製所に戻し水素化して再使用する。石油精製所と水素ステーション結ぶ有機ハイドライドを利用する循環輸送システムの開発がフレイン・エナジー，J-エナージ，新日本石油や日立製作所な

ど企業間で進められている.水素インフラ技術に関する NEDO 調査報告によると,製鉄工場の COG ガスから得られる副生水素を液体水素や高圧水素での 70〜100 km 離れた水素ステーションに輸送した場合,水素の供給価格は有機ハイドライド法で 80 円/Nm^3,高圧水素法 90 円/Nm^3 と液体水素法 115 円/Nm^3 と試算された.有機ハイドライド法での水素輸送が最も経済性が高く有利であると評価されている.

7. 第二のエネルギー幹線
―― 地域と都市を結ぶ「水素ハイウェー構想」

図 5 に示すように,有機ハイドライド技術を用いると,さまざまな燃料電池システムを結びつける共通の水素貯蔵・供給システムができあがる.電気の輸送手段である送電線に対して,有機ハイドライドを利用する水素ネットワークが,水素の輸送幹線「水素ハイウェー」である.風力発電,太陽光発電やバイオマス発電などの再生可能なエネルギーは,この水素ネットワークを仲立ちにして家庭や工場からなる地域の「水素ネットワーク」につながり電力供給や自動車用水素の利用が可能になる.大都市のみならず,送電線や,都市ガスのゆきわたらない地域にも,有機ハイドライドを利用して,水素を配送して各家庭の燃料電池で,自前の電気と熱エネルギーをつくりだすことができる.従来,電気は送電線で,都市ガスはパイプラインで送るしかなかったが,こうした集中型発電やガス供給の輸送インフラは,地震や大洪水による輸送動脈の寸断や破壊に対するリスク管理に弱い.一方,有機ハイドライドなどを利用する水素ハイウェーにおいては,水素の貯蔵・輸送を通常のインフラ設備を利用して行うことができる.災害時においても,タンクローリーや個別配送の手段で運ぶことができ,都市や地域の暮らしと産業活動を確保するエネルギー幹線である.

8. 水素を利用する北の街づくり「北海道プロジェクト」

北海道には,天然ガス,風力発電やバイオマスなど水素の原料となる資源

第 11 章 水素エネルギーを活用する低炭素社会の実現　187

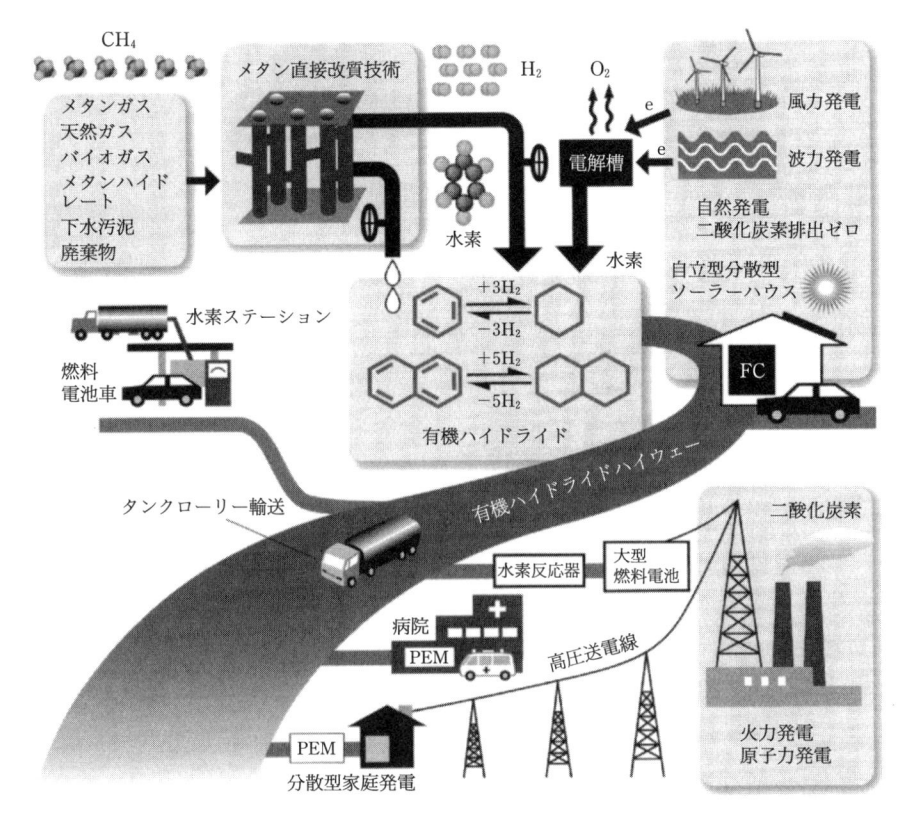

図5　有機ハイドライドを利用する水素ハイウェー構想と地域と都市を結ぶ水素エネルギーネットワークのイメージ図

が豊富である．苫小牧市勇払地区で産出する国産天然ガスは，国内最大の200億 Nm³ 予想埋蔵量である．それ以外にもサハリン沖で国際開発されている天然ガスは，北海道を基点としてわが国に LNG 輸送で導入される計画が検討されている．さらに，北海道には，畜産・農業廃棄物，あるいは森林の廃材を利用したバイオガス，それから北海道の周辺の海底に沈んでいるメタンハイドレート，こうした水素資源が非常に豊富にある．北海道の地域特性を生かした風力発電や太陽光発電などの再生可能な新エネルギー開発も進んでおり，これらを利用した水素製造も期待される．北海道は，日本の水素を利用する低炭素社会に向けての水素供給基地としての潜在能力をもってい

る。北海道の地域特性を踏まえ，北海道を燃料電池の先導的モデル地域とし，水素・燃料電池を活用する水素社会構想，普及啓発のための公開型実証実験や公共分野での先行的導入などの取り組みを推進する「北海道プロジェクト」が実施された。国土交通省北海道局および北海道開発局では，2002～2005年に水素・燃料電池に関する実証実験や水素社会の実現を目指した各種検討を進めてきた。2002年に1kW燃料電池に供給する有機ハイドライドを利用する水素貯蔵・供給システムの実証試験を行った。2002年夏の「サッポロさとらんど」での公開実証実験で，水素・燃料電池を活用する地域コミュニティでの水素ネットワークの実証試験が行われた。2003年には有機ハイドライドを利用する水素ステーションから，集合住宅，ホテルや事業所の燃料電池システムにつながる水素ネットワークの総合エネルギー効率と経済効果についての調査研究が行われた。2004年には，燃料電池と地下蓄熱技術を組み合せた水素利用システムに関する実証実験を実施し，地域への熱供給を含めた水素導入モデルの検討を行うとともに二酸化炭素排出削減効果の検証を行った。また，2004年，2005年には札幌地域のみならず，滝川市，稚内市や，室蘭市を対象に，それぞれ「菜種の花」バイオマス，風力発電，製鉄産業から得られる余剰水素などを利用する地域特性を活かした水素の製造と水素・燃料電池を活用する水素社会形成モデル調査事業が進められた。2003～2007年には北海道開発土木研究所(現在，寒地土木研究所)において，畜産糞尿起源の発酵メタンを利用する水素・燃料電池を活用した農村地域における「地球温暖化対策に資するエネルギー地域自立型実証研究」が，北海道別海町において実施された。将来の水素社会に向けての水素基地として，また水素と燃料電池を活用する地域コミュニティの普及モデル地区として北海道は，さらなる水素プロジェクトの展開と低炭素社会に向けての技術開発が期待される。

9. 石油と共生する低炭素社会への道

エネルギー燃料として，水素と石油(ガソリン)などの炭化水素燃料と比較して優位点と問題点を考えてみよう。ガソリンは，常温常圧で液体の炭化水

素燃料である．液体である石油は取り扱いや貯蔵・運搬性に優れている．一方，ガソリンと水素の1kg当たりの燃焼エネルギーは10.4 Mcal(1,000 kcal)と34.1 Mcalであり，水素はガソリン燃焼に比べて3.7倍の高密度でエネルギーを発生する優れた燃料である．わかりやすい比較として，1ガロン(3.78 L)のガソリンと1 kgの水素はほぼ同じ燃焼エネルギーをもっている．

2002年のWE-NET報告書によれば，水素ステーションに供給する普及時の水素価格は，税金を無視すると，水素ガス1 m³当たりの価格は49円であり，水素1 kg当たり550円である．2000年における1 L当たり100円(2008年8月現在170〜180円)のレギュラーガソリンに換算すると，同じ燃焼エネルギーの水素の価格は1.4倍ほど高い．しかしながら，現状の石油高騰が続く限り価格において水素1 kgとガソリン1 Lは同等に熱量評価できる．いずれにせよ，貯蔵や運搬方法を工夫すれば，自動車や家庭用の燃料として水素は，ガソリンやLPG燃料と比べて，大きな不利点は見当たらない(水素1 kgの低燃焼熱は2万8,570 kcalである．ガソリン1 Lの燃焼熱は7,833 kcalで，1ガロンは3.785 Lであるので，1ガロンのガソリンの燃焼熱は，2万9,648 kcalとなる)．具体的な事例として，自動車の燃料としてガソリンと水素を燃料とした場合の消費燃料コストと二酸化炭素排出量(窒素酸化物NOxを含む)を比較して表2に示した．2008年8月現在のガソリン(灯油)価格の高騰においては，明らかに水素を利用する燃料電池自動車や水素エンジン自動車の方がより経済性が高く，燃料コストはガソリンより安価である．燃料電池のエネルギー変換効率が40％でガソリンエンジンに比べて3倍ほど高いためである．加えて，水素エネルギーを利用する自動車は，地球温暖化要因である二酸化炭素排出量や汚染物質NOxをゼロに低減できるといった最大の優位点がある．一方，水素エネルギー社会に向けての大きな課題は，現状の燃料電池自動車の価格はガソリン自動車の10〜50倍ほど高価であり，加えて水素の貯蔵・輸送技術に関わるインフラ整備における経済的な課題などその普及が困難な現状である．ところが，最近にはガソリン使用の普通自動車に水素を一部添加することで，省エネで30％以上の二酸化炭素排出削減効果が実現できる「石油と共生する」水素エネルギー利用技術の開発事例が登場してきた．

具体的には，2007〜2008年北海道大学，フレイン・エナジー，フタバ産

表2　500 km 走行のガソリン自動車，燃料電池自動車および水素エンジン自動車の燃料価格と二酸化炭素および NOx 排出量の比較

自動車の種類	エネルギー変換効率	500 km 走行に必要な燃料と量	消費燃料コスト*	二酸化炭素排出量（年間）	NOx 排出量
ガソリン自動車	13%	ガソリン　60 L	8,100 円	C-3 トン	+++++++++++
水素エンジン自動車	18%	水素　11.8 kg	6,490 円	0	++
燃料電池自動車	40%	水素　5.3 kg	2,915 円	0	0

* 水素ステーション供給での水素価格 1 kg 550 円（1 Nm³ 49 円），税・流通コストを除く。ガソリン 1 L 135 円（税込み，2005 年）

業と伊藤レーシングとの共同開発で有機ハイドライドを利用するオンボード水素エンジン自動車が開発されて試走試験に成功の話題が紹介されている（日本経済新聞，2008）。自動車のエンジン排熱で有機ハイドライドから水素を取り出しガソリンエンジンに供給する水素‐ガソリン混焼技術である。体積比 3〜6% の水素をガソリンに加えることで自動車の走行燃費は 30% 向上し，二酸化炭素排出量はガソリンに比べて 30〜50% 低減されることがわかった。6% 水素をガソリンに混合してエンジンに供給することで，現状のガソリン自動車，ディーゼル自動車の二酸化炭素排出量は顕著に低減されて燃料電池自動車に匹敵する二酸化炭素排出削減効果が得られる。加えて，本章第 6・7 節で示したように有機ハイドライドは，既存のタンクローリ輸送やガソリンスタンド供給など石油インフラ設備を利用して水素を簡便で安全・経済的に水素を貯蔵・供給することができる。高圧タンクや液体水素設備など新しい水素インフラ施設投資を必要せず，現状の石油貯蔵・輸送施設の併用や改造で対応する「水素貯蔵・輸送ネットワーク」の建設に向けて国内外で実証試験などの検討が進められている。

　こうしたさまざまな，現状の石油社会と共生できる水素エネルギー技術の開発により，まずエネルギー源を石油から段階的に水素に置き換えてゆき，現状の石油社会と共生できる「水素・燃料電池社会への道」が好ましいと考えている。水素エネルギーを活用する自動車や民生用燃料電池とともに携帯電話，パソコン，ロボットなどの水素電化製品の普及を進めて，2050 年の

二酸化炭素排出 50％削減目標達成に向けた「持続可能な低炭素社会」の実現が望まれる。

[引用・参考文献]
福田健三. 2000. 水素エネルギー技術の未来. エネルギー・資源, 21：26-33.
(独)北海道開発土木研究所. 2006. 平成 15-17 年度地球温暖化対策に資するエネルギー地域自立型実証研究 最終年次報告書.
北海道開発局. 平成 15, 16 年度水素・燃料電池を活用する水素社会形成調査報告.
市川勝. 2003. 燃料電池自動車に向けての水素貯蔵・供給インフラ技術開発. 自動車技術, 57：58-64.
市川勝. 2006. 新しい水素輸送インフラ技術の現状と課題. エネルギー学会誌, 85：517-524.
市川勝(監修). 2006. 有機ハイドライド技術と展開；水素社会に向けた水素インフラ技術開発. 有機貯蔵材料とナノ技術, pp. 127-153, 227-243, 301-338. シーエムシー出版.
市川勝. 2007. 水素エネルギーがわかる本, pp. 2-140. オーム社出版.
市川勝・仮屋伸子. 2004. 石油が運ぶ水素貯蔵・供給インフラ技術の展開. ペテロテック, 27：57-62.
伊藤公紀. 2003. 地球温暖化, pp. 16-35. 日本評論社.
柏木孝夫・橋本非尚人・金谷年展. 2001. マイクロパワー革命, pp. 62-85, 217-249. TBS ブリタニカ.
小林紀. 2003. 燃料電池自動車導入シナリオの検討. 季報エネルギー総合工学, 125(4)：1-8.
文部科学省科学技術政策研究所科学技術動向研究センター(編著). 2003. 図解 水素エネルギー最前線, pp. 198-260. 工業調査会.
日本経済新聞. 2008 年 6 月 7 日 (夕刊).「水素カー」着想は北海道発.
Romm, J.J. 2005. 水素は石油に代われるか(本間琢也・西村晃尚共訳), pp. 70-116. オーム社.

第12章

市民風車の試み

NPO法人北海道グリーンファンド/鈴木　亨

　日本列島の北のはずれである北海道の地で，世界の主要国の首脳が一同に会する北海道・洞爺湖サミットが2008年7月7〜9日までの3日間開催された。開催までの1年あまりというもの，北海道はこのG8サミットに向け，「歓迎」「成功」などといった文字があふれ，一色に染まっていたといっても過言ではない。首脳会議や途上国などアウトリーチと呼ばれる各国を含めた会合そのものは，大きな混乱もなく無事開催されたわけだが，果たして今回のサミットは成功だったのだろうか。主要テーマとされた気候変動対策については，マスメディア各紙の論調も一様ではなく，評価も分かれるところである。しかし，少なくとも一市民の感覚からみても，目に見える前進があったとは，到底思えないのではないだろうか。

1. 政策不在の議長国・日本

　北海道の先住民族の言葉であるアイヌ語で，山の頂きのことを「キタイ」という。地球温暖化の問題は，もう待ったなしである。議長国であった日本政府が温室効果ガスの中期的な削減目標を明確に打ち出し，中国，インドなどの新興国をも含めた世界の枠組を前に進めるという，それこそ「期待」は，残念ながら萎んだ感が否めないのではなかったろうか。
　洞爺湖サミットの開催に先立つ2008年6月9日，当時の福田首相はいわゆる「福田ビジョン」を発表した。導入量と生産量の両者においてドイツに

首位の座を明け渡して久しい太陽光発電については中長期の導入目標数値が盛り込まれたものの，自然エネルギーの大胆な導入や温室効果ガスの確実な削減を担保する法制度の導入など，実効性のある政策・制度はついに登場することがなく幕が降りたといえるのではないか。関係者のみならず，具体的行動を示すことに対する社会の「期待」は，ここでもはずれた感が否めないところである。

　開催地である北海道もまた然りである。「北海道・洞爺湖サミットの成功」とは，開催地である北海道自らが率先して大胆な気候変動対策を実施していることを，具体的な行動とともに示すことに他ならないのではなかったか。北海道は1人当たりで国内平均の1.3倍もの二酸化炭素を排出している。一方で北海道は風，光，森など自然エネルギーの宝庫でもある。石油依存社会からの脱却を図る政策措置を講じつつ，未利用資源を活かした環境価値の移出経済化，雇用の創出をはじめとした地域経済の活性化など，「自然エネルギー王国北海道」に向けた取り組みは，北海道の再生・発展・自律にとって不可欠な要素であると筆者は考えている。

　日本社会において，変化の「見える化」ほど難しいものがないのは確かである。日本に限ったことではないが，社会は利害構造で成り立っているのもまた確かである。しかし，環境エネルギーに限らず今日本社会に求められているのは，あるべき未来と現在を貫く社会の「概念」ではないのだろうか。その合意のプロセスこそが政治であり，社会の進化を保証するものではないだろうか。今夏の洞爺湖サミットは，そうした意味においてまたとないチャンスであるという期待があっただけに，残念な思いである。

2. 広がる市民風車

　一方，私たちの周辺や足元に眼を向けてみると，失望ばかりではない動きを発見することができる。

　北海道・洞爺湖サミットの閉会間もない7月12日，北海道石狩市に3機目の市民風車のオープニング記念イベントが行われた。公募により「かなみちゃん」と名づけられたこの風車敷地内を会場として行われたイベントの電

気はすべて風車から賄った．特設ステージでは，地元石狩出身の歌手である田野崎文さんのピアノ弾き語りの他，石狩で活動する合唱団やよさこいソーランなどが賑々しく会場を盛り上げた．ふだんは見ることも触れることもできない「風車の電気」を音楽に乗せて感じようと呼びかけた「風が奏でる音楽祭」には，地元住民を中心に多くの方々の参加で盛り上がりをみせた．

一方，風車に目をやると，タワーの足元に多くの人々の名前が記銘されていることに気がつく．風車建設に寄付や出資で参加したおよそ1,500名の市民の名前である．友人知人の名前を見つけ出し，声を掛け合う姿や自らの名前を探し写真に収める姿は，どこの風車でも見る光景ではない．市民が風車

図1 「かなみちゃん」オープニング

建設のために資金を出し合う市民風車ならではのものといえる。

　日本で初めてこの市民出資型の風力発電(市民風車)が誕生したのは2001年9月のことである。NPO法人北海道グリーンファンドの呼びかけに応じた217名の出資者からの出資金とNPOの会員による寄付などにより総事業費2億円の市民風車が誕生した。市民による風力発電事業への挑戦は，当時驚きをもってむかえられたが，予想を超える市民の参加は，自然エネルギーへの期待と地球温暖化など地球環境問題について，具体的に取り組める何かを探していたとも考えられる。市民風車はその後，基数を増やし今回の「かなみちゃん」で11基となった。

3. 日本の市民風車

　企業や自治体による事業とは異なり，市民自らが事業者となり，組合を組成するなど広く市民の出資参加により取り組まれる風力発電事業を「市民風車」と称している。ヨーロッパにおける今日の爆発的な風力発電の普及にとって，1990年代のデンマークを中心とした市民風車の広がりがその礎をなしたことは広く知られている。

　人口約550万人のデンマークには，2007年末現在312万kWもの風力発電が稼動しているが，設備容量，基数両方のベースでみてもその約80%以上が市民所有の風車で占められている。なかでもコペンハーゲン沖合の20基もの風車からなるミドルグルンデン(Middelgrunden)洋上風力発電では，その半数がコペンハーゲン市民の出資による風力協同組合であり，計画段階で市民の意見を反映したレイアウトにするなど修景効果が実施されている。

　一方，自然エネルギーの普及が遅れている日本においても市民風車が着実に広がり始めている。そうした動きのきっかけになったのは，前述した国内初の市民風車「はまかぜちゃん」(990 kW，北海道浜頓別町にて2001年運転開始)の取り組みである。

　NPO法人北海道グリーンファンドでは，会員の日常生活での省エネを基本に，毎月電気料金の5%分を寄付する「グリーン電気料金制度」を実施している。「グリーン電気料金制度」とは，月々の電気料金に5%のグリーン

図2 「はまかぜちゃん」

ファンド分を加えた額を支払い，グリーンファンド分を自然エネルギーによる「市民共同発電所」を建設するための基金として積み立て，運用するというものである。また，電気代の5%を余分に負担するのではなく，省エネ，節電して電気代を5%浮かせて，その分を基金にする仕組みとなっている。この仕組みで積み立てた基金と市民からの出資により，「はまかぜちゃん」は完成した。

「はまかぜちゃん」がつくった電力は年間約900世帯分に相当し，電力会社の配電線を通して町民世帯に供給されている。これまで浜頓別町民を悩ませ続けてきた強風がエネルギー資源に変わり，価値の高い電気を利用してい

る実感が，町民の意識を少しずつ変えてきているようだ．また，事業初年度から出資者に配当を実施し(運転開始からの7年度合計で約25万3,000円/1口50万円，出資金返還分含む)，環境価値のみならず経済価値も還元できたことは大きな成果といえる．

この市民発電事業をモデルとして，続く2003年「わんず」(1,500 kW，青森県鯵ヶ沢町)，「天風丸」(1,500 kW，秋田県潟上市)が誕生した．さらに2005年「かりんぷう」(1,650 kW，北海道石狩市)，「かぜるちゃん」(1,500 kW，同市)，2006年「まぐるんちゃん」(1,000 kW，青森県大間町)，「風こまち」・「竿太朗」(1,500 kW，秋田県秋田市)，「かざみ」(1,500 kW，千葉県旭市)，2007年「なみまる」(1,500 kW，茨城県神栖市)，2008年「かなみちゃん」(1,650 kW，北海道石狩市)と現在11基の風車が運転中である．

4. 市民風車の取り組みの意義

こうした市民風車の広がりは，北海道から九州まで各地域でさまざまなプロジェクトを生み出している．すでに電力会社と電力需給の仮契約を済ませているものから計画段階のものまでいろいろだが，多くの地域でおおぜいの市民が参加してエネルギーづくりが行われることは，環境エネルギー分野にとどまらない社会的な波及効果が生み出されるのではないだろうか．実はその社会的効果こそが自然エネルギーの重要な点でもあると筆者は考えている．

ひとつは市民の自発的な参加が環境エネルギー問題への主体的な関心を深め，具体的な行動を促すことにつながるにとどまらず，広く風力発電や自然エネルギーに対する社会的な受容性を高めることである．ここ数年，国内においても風力発電施設が増え始め(2007年度末現在167万kW)，少しずつだが当たり前の風景になりつつある．

その一方で最近は景観や生態系への影響など自然環境，生活環境をめぐり風力事業者と地域との対立が顕在化するケースが目立ってきた．情報の共有化や透明な合意形成のプロセスをはじめ，問題解決に向けた具体的な知恵が求められているが，売電による利益を地域，社会で共有する仕組みづくりが重要なソリューションのひとつであることは，デンマークやドイツといった

表1　市民風力発電所概要および資金調達一覧

No	風車名	事業主体	設置場所	風車機器	運転開始	総事業費	補助金	出資総額	出資者数
1	はまかぜちゃん	株式会社市民風力発電	北海道浜頓別町	Bonus社 990 kW 1基	2001年9月	約2億円	なし	1億4,150万円	217人
2	市民風車わんず	特定非営利活動法人グリーンエネルギー青森	青森県鰺ヶ沢町	GE Wind Energy社 1,500 kW 1基	2003年2月	約3億8,000万円	約1億8,700万円	1億7,820万円	776人
3	天風丸	特定非営利活動法人北海道グリーンファンド	秋田県潟上市	Repower社 1,500 kW 1基	2003年3月	約3億8,000万円	約1億7,400万円	1億940万円	443人
4	かりんぷう	有限責任中間法人いしかり市民風力発電	北海道石狩市	Vestas社 1,650 kW 1基	2005年2月	約3億2,000万円	1億円	2億3,500万円	330人
5	かぜるちゃん	有限責任中間法人グリーンファンド石狩	北海道石狩市	Vestas社 1,500 kW 1基	2005年2月	約3億2,000万円	1億円	2億3,500万円	266人
6	まぐろんちゃん	有限責任中間法人市民風力発電おおま	青森県大間町	三菱重工業㈱ 1,000 kW 1基	2006年2月	約2億4,000万円	(補助対象経費の45%)	8億6,000万円	1,043人
7	風こまち	有限責任中間法人秋田未来エネルギー	秋田県秋田市	Repower社 1,500 kW 1基	2006年3月	約3億2,000万円			
8	竿太朗	有限責任中間法人あきた市民風力発電	秋田県秋田市	Repower社 1,500 kW 1基	2006年3月	約3億5,000万円			
9	かざみ	有限責任中間法人うなかみ市民風力発電	千葉県旭市	GE Wind Energy社 1,500 kW 1基	2006年7月	約3億3,000万円			
10	なみまる	有限責任中間法人波崎未来エネルギー	茨城県神栖市	GE Wind Energy社 1,500 kW 1基	2007年7月	約3億4,000万円			
11	かなみちゃん	特定非営利活動法人北海道グリーンファンド	北海道石狩市	Ecotecnia社 1,650 kW 1基	2008年1月	約4億2,000万円	(補助対象経費の45%)	2億3,500万円	319人
		合計(予定含む)		1万5,790 kW		約36億円		稼働中の市民風車の総出資額/出資者人数 19億9,410万円	3,394人

風力先進国の歴史が物語っている。今後の国内風力市場の発展にとって，市民・地域が主導し，利益の社会的共有を理念とする市民風車セクターの広がりがその持続性の鍵を握っているといっても過言ではないと思われる。

ふたつ目は「地域社会の自律」を促す効果である。地域に存在する未利用な自然エネルギーを，地域住民の手で地域のために活かす事業として自発的に取り組むことが本来あるべき地域社会であり，こうした取り組みによって地域経済としてもエネルギーとしても地域で循環し，地域が自律できる持続可能な社会を形成していくことができるのではないだろうか。さらに，こうした自律をきっかけに「ヒトとモノ」の交流をはじめ，地域社会が新しい形での「豊かさ」を獲得できると考えている。

例えば青森県鰺ヶ沢町では，地元のNPO法人グリーンエネルギー青森（丸山康司理事長）による市民風車の建設計画を町が全面的にバックアップするパートナーシップ型の取り組みを通して，地域の活性化に貢献している。同町は人口1万4,000人の漁業を基幹産業とする自治体で，新たな活性化が課題となっていたが，市民風車「わんず」建設に当たって135人の町民が出資参加をしている。またこの事業を通して，町・NPO・市民出資者が拠出し合うまちづくり基金「鰺ヶ沢まちづくりファンド」がスタートしており，その他にも風車と白神山地をセットにしたエコツアーや町内の特産品を市民風車ブランドで通信販売するといった取り組みもすでに実施されている。

こうした事例は，まだほんの「芽」にすぎないものである。しかし，そのプロセスこそが自律の内実そのものなのである。

3つ目の社会的成果は，市民による出資の仕組みそのものである。当初「はまかぜ」ちゃんの建設に当たり，はじめからデンマーク，ドイツ型の市民風車をモデルにしたわけではない。「原発も地球温暖化もない未来」を目指してHGFの会員が毎月電気料金の5％を寄付するグリーンファンドを元手に，銀行から融資を受ける計画であった。しかし現実を思い知らされるのには時間を要しなかったのである。現状の日本ではNPOに対して億円単位の融資をする金融機関など存在するわけがなかったのだ。では市民に呼びかけて資金を集めようと試みたものの，法律，会計，税務などといった壁に直面し，以降試行錯誤が始まったのである。

最終的に商法に基づいた「匿名組合」という出資形態にたどり着くまでのプロセスは，まさに手探りで進められた。基本的な枠組の設計から事業のキャッシュフローの精査，そして実際の契約書の完成にいたるまで，公認会計士や税理士，弁護士，金融機関，風力事業者などとの会合が繰り返され，そうした関係者の貢献を得ながら新しい市民出資によるファイナンスモデルができあがったのである。言い換えると，日本での市民風車実現の大きな要素は，金融機関でもなく証券会社でもないNPOが不特定多数の市民から資金を調達するための新しい金融商品の開発であったともいえるのである。

　こうした市民出資という新しい仕組みは，目に見える形でローカルなお金の流れをつくりだしている点において，その意味合いはけっして小さくはない。「ゆうちょ」や国債に限らず，硬直した公共投資により環境に悪影響を及ぼす結果を招いてきた現実はいうまでもない。また，大手証券会社や金融機関が手がけるいわゆる「エコファンド」，「社会貢献ファンド」なども一部の優良企業の株式投資にしか運用されていない点においてはこれまでと同様である。

　市民出資の募集を通して筆者が実感するのは，環境や地域社会への貢献なども含め使途が明確で，けっして損はしたくないが有意義にお金を使いたいと考える市民が増えている現実である。これまで11基の市民風車が集めた出資総額は約20億円である。これだけのローカルなお金の流れが実態としてつくりだされている。金融市場全体からみれば取るに足らない数字ではあるが，市民風車ファンドがそうした実績を着実に積み上げていく行方に，本来あるべき地域金融のイノベーションが生み出されるのではないだろうか。

5. 今後の展望と新たな挑戦

　全国各地に広がり始めつつある市民風車だが，一方では地域のNPOにとって数億円単位の事業化は容易ではないことも事実である。理念や思いとNPOの経営資源の脆弱性，社会的信用力の欠如などといった現実は大きなギャップである。風車の建設には，まず風況調査や用地の確保，さらに電力会社との系統連系協議，各種許認可，地質調査，環境影響評価などの事業開

発業務がともなう。そうした業務を担える人材と少なからぬ費用が必要となる。仮にそうした課題をクリアしたとしても，風車機器や工事などの発注に際しては相手先から財務的な信用力が求められるが，銀行からの融資枠を受けることは困難な現実がある。各地域で市民風車の取り組みが芽生え，それを事業として実現させていくためには地域を越えた市民風車セクターとしての支援，補完機能の体制づくりが求められていたのである。

そうした課題の克服を目的のひとつとして，2003年3月各地のNPO 10団体が参加して「有限責任中間法人自然エネルギー市民基金」(以下市民基金)が設立された。設立の母体となったのは，HGFと「NPO法人環境エネルギー政策研究所」である。このふたつのNPOが市民基金に基金を拠出し，さらにその市民基金が全額出資する形で「株式会社自然エネルギー市民ファンド」(以下市民ファンド)を設立している。市民基金が各地域での取り組みのネットワークと市民風車への社会的関心や参加を高めていく役割を担う一方，市民ファンドは全国の市民が各地域の市民風車や自然エネルギー事業に出資参加する直接の受け皿となり，市民風車プロジェクトに対しファイナンスを行う体制がつくられている。

一方，開発業務や事業の管理運営などに関わる支援体制としては，2003年11月「株式会社市民風力発電」を設立し，本格的な市民風車セクターのコンサルティング会社を目指して活動を始めている。このように，必要とされるファンクションごとに専門性を備えた推進体制が整えられつつある。また，これまでの単基ベースの取り組みから，比較的大規模な市民共同ウィンドファームにも挑戦したいと考えている。地域のNPOや農協，漁協，中小企業などが参加する分譲型のウィンドファームというのもおもしろいかもしれない。

通常の事業者は，親会社がSPC(Special Purpose Company)と呼ばれるひとつの特別目的会社をつくって風力事業を実施する。分譲型とは，マンションのように「区分所有」し，維持管理を「管理会社」に委託する考え方だ。こうした形態により多くの市民はもとより，風力を主たる事業とはしていない地域の企業や団体など多様な組織に事業参画の機会が生まれ，リスクの分散と同時に社会的な裾野の広がりをつくりだす効果があるのではないだろうか。

また，風車など再生可能なエネルギーが生み出す電力の環境価値をとして取引する「グリーン電力証書システム」の市場拡大にも注目している。グリーン電力証書の購入者は，2006年度末時点で100社以上に拡大し，証書全体の市場規模は，約10億円といわれ，証書購入事業者としては，ソニー，野村ホールディングス，アサヒビール，ホールネットワーク，日本ガイシ，トヨタ自動車，セイコーエプソンなどが上位に名を連ねる。

　しかしまだ多くの企業では，導入が進まないのが現状である。グリーン電力証書購入は，環境活動，社会貢献活動としての評価しかない。また，費用については寄付行為と見なされ，損金計上ができないことも導入阻害要因として挙げられている。

　こうしたなかで注目を集めているのが，自治体の取り組みである。今でこそ当たり前となっている事務用品など物品のグリーン購入は，滋賀県の率先行動が大きな推進力となり，国のグリーン購入法にまで発展させた。同様に，地球温暖化対策に直接関係する電気や熱，燃料といったエネルギーの選択にもこうした自治体の取り組みは，大きな影響を与えると考えている。例えば東京都では電気におけるグリーン購入を実施するため，電力入札の際に，入札対象電力の5%の環境価値を調達することを義務付けている。この環境価値はグリーン電力証書かRPSクレジットにより調達することになっており，2007年度は3件の入札を実施している。このような自治体の取り組みが広がっていくことが，大きな展開へとつなげることができると考えている。

　グリーン電力証書は，需要側から自然エネルギー供給を拡大する確実な仕組みとして，2001年に誕生して以来，徐々に定着しつつある。また北海道・洞爺湖サミット会場でも利用されるなどさらに注目度が集まっている。こうした流れのなか，環境省，経済産業省でもそれぞれ地球温暖化防止活動推進法の二酸化炭素価値化(VER)，省エネルギー法の省エネ価値化(削減カウント)に関する検討が進められるなど政策環境が大きく変わろうとしている。

　市民風車とは，市民がエネルギーに関わるきっかけを得るためのいわば環境エネルギー問題への「窓口」である。出資参加することで，その風車がどれだけ電力を生み出し，環境価値(二酸化炭素削減効果)をもたらすのかといった効果を知ることができる。「グリーン電力証書」はそのための道具のひと

つとして可能性をもつ。市民が出資して完成させた風車の「環境価値」を購入することで市民風車を支援するという企業があらわれ，こうした企業の取り組みを市民が評価する。こうした相乗効果も市民風車の拡大につなげていきたい。

6. 北海道大学に期待すること

　大学は研究活動を行い，社会にその成果を還元するのが使命であることはいうまでもない。しかし，大学もまた人の集まる組織であり，社会であり，エネルギーの消費者である。その規模は社会的に大きな存在である。例えば北海道大学が自ら「北大風車」を建てるということも考えられるのではないか。学生や教職員に加え，同窓会など仮に1万人が一人1万円出資すれば，単純な話1億円のファンドが生まれるのである。それをもとに誕生した北大風車「アンビシャス1号」には，大学のロゴマークと参加者の名前が刻まれ，おまけにつくられた電気は大学施設で利用する。研究機関である大学によるこのような実践を通した社会提案は，他大学への波及効果はいうまでもなく，北海道大学の付加価値と社会的な評価を高めるものと考えられる。「フロンティア精神」が大学の建学精神を最も良くあらわした基本理念であるなら，ぜひ，こういった実践活動に取り組むことを期待したい。

　エネルギー政策と地域政策，金融政策という多様な領域を内包する市民参加による自然エネルギー事業は，持続可能な未来をつくりだす重要なソリューションとして，その価値はますます高まるものと思われる。全国各地にこうした取り組みが広がり，あるべき環境とエネルギーの未来を市民の手でつくりだしていくことが，洞爺湖サミットが残した課題を乗り越えていく解のひとつであると考える。

低炭素世界に向けた中国の位置，挑戦と戦略

第13章

清華大学・中国人民大学/張　坤民/吉田文和監訳

　かつて火の発見と利用は人類の進化と文明の発展をもたらした。バイオマスエネルギー，獣力(動物の力を用いる)エネルギー，風力エネルギー，水力エネルギー，化石エネルギー，原子力エネルギーなどの使用にともない，人類はしだいに原始文明から農業文明，工業文明へと向かっていった。しかし，地球人口の増加と経済規模の増大にともない，再生可能エネルギーを除いて，地球上のエネルギー埋蔵量は有限であることが明確になっている。また，エネルギーの使用が引き起こす環境問題や，それが誘因となって発生する種々の問題も人類の把握するところとなった。スモッグ，光化学スモッグ，酸性雨など周知の災害に加え，1896年にアレニウスが予測した通り，大気中の二酸化炭素濃度の上昇が地球規模での気候変動をもたらすこともすでに争うことのできない事実として確認されている。こうした背景のなか，「カーボン・フットプリント」，「低炭素(ローカーボン)経済」，「低炭素技術」，「低炭素発展」，「低炭素生活方式(ローカーボン・ライフスタイル)」，「低炭素社会」，「低炭素都市」，「低炭素世界」など，一連の新しい概念，新たな政策が誕生した。このようにしてエネルギーと経済，さらには価値観にいたる大きな変革の結果，人類を生態文明(エコ文明)の方向へと導く，一筋の新たな道が開ける可能性が出てきた。すなわち，20世紀の伝統的な成長モデルを捨て去り，新世紀の技術イノベーションを直接応用し，低炭素経済モデルと低炭素生活方式により，持続可能な発展を実現する道である。

1. 低炭素経済の意味するところと国際動向

「低炭素経済」の提起

いわゆる「低炭素経済」とは，低炭素エネルギー源を採用した，炭素ゼロのエネルギーあるいは「炭素除去」技術による経済を指す。最も早期に「低炭素経済」の概念を提出したのは，2003年のイギリスのエネルギー白書「我々のエネルギーの将来—低炭素経済の構築」である。第1次産業革命の先駆者であり，資源があまり豊かではない島国として，イギリスはエネルギーの危機と気候変動の脅威を十分に意識している。現在の消費モデルのまま推計すれば，イギリスは2020年には80%のエネルギーを輸入に頼ることになり，また気候変動もすでに焦眉の問題となっている。

イギリス「スターン報告書」

イギリス政府が2006年10月に発表した「気候変動の経済学—スターン報告書」で，地球温暖化の経済的影響に対する定量評価が行われた。「報告書」では以下のような認識が示されている。気候変動がもたらす経済的代価は第1次世界大戦の経済的損失より大きい。しかし，現行の技術でもこれに対応することができ，その経済的負担も比較的道理にかなったものである。行動が速ければ早いほど，経費が節約できる。もし現在，毎年全世界のGDPの1%を投入すれば，将来生じると予想される，毎年のGDPの5〜20%にのぼる損失を回避することができる。この「報告書」は全世界に低炭素経済への転換を呼びかけており，主要な措置としては，エネルギー効率の向上，電力などのエネルギー関連分野での「炭素除去」，炭素排出に対する課税や炭素排出取引などの強力な価格メカニズムの確立，地球レベルでの炭素除去に関する共同研究開発，および対策などが挙げられている。

低炭素経済の国際動向

2007年は全世界が気候変動に関心を払い，低炭素経済を推進した1年であった。3月，EU首脳会議で，2020年には1990年レベル比で20〜30%の

排出削減が決定された。4月，国連安保理は気候変動を国際安全に関する討議の議題として取り上げた。同月，中国環境と発展国際協力委員会 (CCICED) が低炭素経済・エネルギーと環境政策に関する研究討論会を招集した。9月，国連総会とアジア太平洋経済協力 (APEC) がそれぞれ召集され，気候変動を重要議題として取り上げた。12月，2012年以降の温室ガス排出削減に関する「バリ島ロードマップ」制定を主旨とする，空前の規模の国連気候変動枠組条約締約国会議が召集された。同時にEUは気候変動プロジェクト (climate change projects) と炭素取引 (carbon trading) について計画，実施した。また，アメリカ合衆国のカリフォルニア州では企業の二酸化炭素排出削減を厳格に求める法律が制定された。

2. 中国の世界経済における位置

国際エネルギー機関の予測と国連開発計画の評価

2007年11月，OECDの枠内で組織された国際エネルギー機関 (OECD/IEA) は，最新の「全世界エネルギー展望」(WEO2007) を発表し，「参照状況」(現在の動向がそのまま延長され，政策転換がなかった場合)，「代替政策状況」，「高成長状況」の3状況を想定し，大胆な予測を行った。

表1 中国の世界経済における重要性(世界総量に占める比率)。単位：％

項　目	1980	1995	2000	2005
GDP (2006年米ドル，購買力平均価格計算)	3.2	5.5	6.8	9*
GDP (2006年米ドル，市場レート計算)	2.9	2.5	3.8	5.0
対外貿易	0.9	2.7	3.6	6.7
外国直接投資	0.1	11.0	3.0	8.0
化学肥料生産	17.0	27.0	29.0	43.0
鋼鉄生産	8.2	13.0	15.5	31.2
セメント生産	9.0	33.6	37.4	46.6
通信設備生産	—	—	6.7	20.4

* GDP購買力平均価格の値は，世界銀行「2005年国際比較項目」に基づいた研究結果によって調整してある。

IEAが「参照状況」に基づいて予測した，中国のエネルギー関連の二酸化炭素排出量は以下の通りである。

①二酸化炭素排出量は，2005年の50億トンから急増し，2030年には現在のOECDの1人当たり排出レベルよりは低いとはいえ，110億トンに達する。

②中国とインドで今後10年間に新しく増える石炭燃焼火力発電所の装備容量が「ロックイン技術」の対象であり，これが2050年およびその後の二酸化炭素排出量を決定することになる。

③中国の2030年までに回避可能な二酸化炭素排出量の措置別貢献度は以下の通りである。原子力エネルギー6％，再生可能エネルギーおよびバイオ燃料17％，石炭からガスに転換することによる端末改善効率8％，端末電力使用効率の改善28％，端末燃料効率の改善41％で，このうち70％がエネルギー効率の改善と経済構造調整による貢献である。

2007年12月，国連開発計画(UNDP)は2007/2008年人間開発報告書「気候変動への対応：気候変動との戦い—分断された世界で試される人類の団結」を発表し，「カーボン・フットプリント」(carbon footprint)に対して以下のように評価している。

「中国はアメリカ合衆国を抜いて世界最大の二酸化炭素排出国になる可能性があるが，1人当たり平均排出量はアメリカ合衆国のわずか1/5にすぎない。インドの排出量も上昇しているが，1人当たりのカーボン・フットプリントは高所得国家の1/10にも達していない。アメリカ合衆国の1990年以降の1人当たり炭素排出の増加量(1.6トン)は，インドの2004年度の1人当たり排出量(1.2トン)より多い。カナダの1990年以降の1人当たり排出量(5トン)は，中国の2004年度の1人当たり排出量(3.8トン)より多い。」

表2　いくつかの国のカーボン・フットプリント(国連開発計画，2007より)。
単位：tCO_2/人

	アメリカ合衆国	カナダ	ロシア	イギリス	フランス	中国	ブラジル	インド
1990	19.3	15.0	13.4	10.0	6.4	2.1	1.4	0.8
2004	20.6	20.0	10.6	9.8	6.0	3.8	1.8	1.2

表 2 に，いくつかの国のカーボン・フットプリントを列記した。

茅恒等式による炭素排出推進力の指摘

日本の学者である茅陽一氏の茅恒等式(中国では Kaya 公式と呼ばれる)が指摘するところでは，炭素排出の推進力には主として 4 つの要素がある。

$$炭素排出量＝人口 \times 1 人当たり GDP \times 単位 GDP のエネルギー使用量 \times 単位エネルギー使用量の炭素排出量$$

この式の右側第 1 項は人口である。いうまでもなく，人が多ければ炭素排出量も多い。つまり，中国の人口はアメリカ合衆国の 4 倍以上なのであるから，中国がアメリカ合衆国を追い越して世界一の炭素排出国なったとしても何ら不思議はないのである。さらに，20 世紀に中国が実行した計画出産は 3 億人の出生を抑制しているため，世界の 1 人当たり二酸化炭素排出量を 4 トンとして計算すると，中国は 1 年間に 12 億トンもの二酸化炭素排出量を削減していることになる。

第 2 項は 1 人当たり GDP である。これはマクロ経済指標であり，生活レベルを反映するもので，当然のことながら人々は持続的向上を期待している。発展途上国の 1 人当たり GDP の起点は非常に低いが，近年急速に上昇しており，その炭素排出量が相応に増大するのは不可避である。

第 3 項は単位 GDP のエネルギー使用量で，「エネルギー強度」(energy intensity)と称されている。農業，工業，サービス業など，産業によってそのエネルギー強度は異なる。工業のなかでも，重化学工業のエネルギー強度は，一般製造業よりもはるかに大きい。同一産業のなかでは，技術レベルが低ければ低いほど強度が大きくなる。エネルギー効率の向上と省エネによって，エネルギー強度は低下するため，これも排出削減の有効な方向のひとつである。

第 4 項は単位エネルギー使用による炭素排出量で，「炭素強度」(carbon intensity)と称されている。これはエネルギーの種類によって異なり，炭素強度の差異は非常に大きい。化石エネルギーのなかでは，石炭の強度が最高で，石油がこれに続き，天然ガスは低い。再生可能エネルギーのなかでは，バイオマスエネルギーには一定の炭素強度があるが，水力エネルギー，風力エネ

表3 さまざまな地域の1980〜1999年の年平均変化率(Tester et al., 2005より)。
単位:%

地区	人口	1人当たりGDP	エネルギー強度	炭素強度	炭素排出
中　国	1.37	8.54	−5.22	−0.26	4.00
日　本	0.41	2.62	−0.57	−0.96	1.47
OECD：ヨーロッパ	0.53	1.74	−1.00	−1.06	0.18
アメリカ合衆国	0.96	2.15	−1.64	−0.21	1.23
全世界	1.60	1.28	−1.12	−0.45	1.30

ルギー，太陽エネルギー，地熱エネルギー，潮汐エネルギーなどはすべてゼロ炭素エネルギーである。また，原子力発電所の運転過程でも，炭素は排出されない。

アメリカ合衆国のマサチューセッツ工科大学(MIT)のJ.W. Testerらは茅恒等式を応用して，中国，日本，ヨーロッパ，アメリカ合衆国，さらに全世界を対象に，1980〜1999年間の炭素排出と4排出要素の関係に対する定量分析を行った(Tester et al., 2005)。表3を見てもわかるように，中国の20年間のエネルギー強度は年平均5.22%下降しているとはいえ，炭素強度は0.26%下降しているにすぎない。一方，人口が多くさらに1人当たりGDP年間成長が世界の6.6倍であり，炭素強度年間低減が世界の58%にも到達していないため，炭素排出年間増加率は4%に達している。

3. 中国が直面している挑戦

持続可能な発展の道を歩むという姿勢を堅持することが，中国にとって揺るがない選択である。したがって，「九五(第9次5ヵ年)」計画では経済成長方式の転換を急ぐことを明確にしている。しかし，小投資，小消費，循環可能，持続可能，かつ科学技術応用度の高い新型工業化への道は容易ではない。低炭素経済に関する理念と措置に対して，中国は一貫してこれを特に注視し，積極的に模索するという態度をとってきた。例えば，中国科学院，中国社会科学院，清華大学，中国環境と発展国際協力委員会，国家発展改革委員会エネルギー研究所，上海市環境科学研究院などは，早期から関連する国際協力

研究を展開し，低炭素経済の中国における実行可能性に関する詳細な研究と分析をすでにある程度行っており，中国が直面している挑戦に対する認識を深めている。

エネルギー賦存量──少ない1人当たりエネルギー資源量

中国の水力エネルギー資源は世界1位，石炭埋蔵量は世界3位，探査済み石油埋蔵量は世界11位である。また，探査済みの通常商品化可能エネルギー総量は，世界総量の10.7％に相当する1,550億標準石炭当量(Btce)である。しかし，中国の1人当たり探査済みエネルギー資源量はわずか135トン標準石炭にすぎず，世界の1人当たり資源量の51％でしかない。エネルギー種別では石炭が70％，石油が11％，天然ガスが4％である。水力エネルギー資源も，1人当たりの資源量としては世界平均より低い，しかも，石炭を主体としたエネルギー構造は，炭素強度面では非常に不利なのである。

発展レベル──低いエネルギー基礎レベルとエネルギー効率

中国は工業化初期にある発展途上国であり，経済成長方式が粗放で，エネルギー構造が不合理な状況にある。また，エネルギー技術の装備レベルが低く，管理レベルにも相対的に立ち遅れがみられるため，単位GDPエネルギー消費，主要エネルギー消費商品のエネルギー消費量とも，主なエネルギー消費国家の平均レベルより高くなっている。現在，中国の1人当たりエネルギー消費量は依然として低く，数千万人が電気を使用できない状態であり，エネルギー消費はなお生存型消費(生活していくために必要なタイプの消費)に属している。今後数十年間，エネルギー消費は必然的に増大するが，重要なことはそのなかでいかに炭素強度を低減し，二酸化炭素排出量の増加速度を抑制するかである。

総量重視──炭素排出総量と「組み込まれたエネルギー」の分析

炭素排出総量については，人口が重要な要素となる。中国の人口は世界の20％を占めているため，現在の排出総量は目立っている。しかし，歴史的累計量からみれば，中国の1950～2002年期間の化石燃料二酸化炭素排出量は

同期の世界排出量のわずか9.3%にすぎず，1人当たり二酸化炭素排出量は世界92位である。組み込まれたエネルギー(embedded energy)とは，製品の上流加工，製造，輸送などの全過程で消費する総エネルギーを指す。現在の経済貿易構造では，中国には必然的に巨大な「組み込まれたエネルギー」輸出純価値が存在する。イギリス政府が資金援助を行っている機関である，ティンドール気候変動研究センターの2007年の研究によれば，中国の2004年度の純輸出製品が排出した二酸化炭素排出量は約11億トンである。中国社会科学院の平行研究が算出した数値も10億トンを超えており，両者は図らずも一致している。これは，中国の一次エネルギー消費，および発生させた温室ガスのうち約1/4が輸出製品によって発生していることを意味している。中国社会科学院の研究を支援している世界自然保護基金のダーモット・オゴーマン首席代表は，「これらのデータによって，中国製造商品を享受している先進国家は，中国のエネルギー使用と排出の増大に大きな責任を負っており，中国の排出を一方的に批判するのは不公平であることを証明している。発展途上国が先進国に対してエネルギー消費が低い製品を輸出することは，現在の世界経済秩序のもとでは，実質的に一種の持続可能性をもつ輸出である」と指摘している。

ロックイン効果——今後数十年にわたり影響する，方針決定の結果
「ロックイン効果」(locked-in effect)とは，インフラ施設，機器設備，個人用大型耐久消費財などに関して使われる語で，使用を開始すればその使用年限が15～50年以上あり，簡単に廃棄する可能性が少ないことを意味する。イギリスが提起している低炭素経済は，地球の気候変動に対応する以外に，数十か所に及ぶ石炭燃焼火力発電所および原子力発電所の寿命が尽き，更新に直面しているという現実を背景にしている。イギリスの工業化はすでに200年が経過しており，施設を更新する資金と技術には問題はないと思われる。一方，中国はまだ積極的に電力を発展させている過程にあり，伝統的石炭燃焼発電技術の弊害を回避し，石炭ガス化複合発電(IGCC)，超臨界，大型増圧循環流動床(PFBC)などの先進発電技術と石炭ガス化を基礎にした大量連続生産技術が必要とされているが，総合的な国家方針決定と国際協力がなけれ

ば，そのための巨額の資金と先端技術を確保することは難しい．もし伝統的技術の援用を継続するならば，将来中国が温室効果ガス排出削減，あるいは排出制限義務への同意を誓約した場合，逆にこれらの投資結果が「ロックイン」されてしまう可能性がある．いかに発展過程において事前に計画を立て，ロックイン効果の束縛を回避するかが，切迫した現実の挑戦となっている．

4. 中国が選択する戦略

持続可能な発展のためのエネルギー対策に関する枠組の構築

1992年8月，環境と開発に関する国連会議が終了して2か月後，中国は早々と「中国の環境と発展に関する10大対策」を発表したが，その第4条に掲げられた対策は「エネルギー効率を向上させ，エネルギー構造を改善する」というものであった．その内容は以下の通りである．

「国連気候変動枠組条約を履行し，二酸化炭素排出を抑制し，大気汚染を軽減するための最も有効な措置は省エネルギーである．現在，中国の単位製品エネルギー消費(エネルギー原単位)は高く，省エネのためのポテンシャルは非常に大きい．この点から考え，全国民の省エネ意識を向上させ，省エネ措置を明確にして実行する．逐次，エネルギー価格システムを改変し，石炭の品質別価格決定を実行し，品質による価格差を拡大する．電力建設(電力供給施設の強化政策)を加速し，石炭の電力エネルギー転換比率を向上させる．大出力ユニットを発展させ，中低圧ユニットを改造，淘汰してエネルギー消費を節約し，エネルギー部が計画した「2000年全国電力供給石炭消費1,000ワット時当たり1990年比60g削減」の目標を実現する．また，洗炭加工(施設投入前の石炭の浄化工程)比率を逐次向上させる．都市におけるガスと天然ガスの使用および集中熱供給，コジェネレーションの発展を奨励すると同時に，都市民間用に高品質炭を優先供給する．逐次，石炭を主体とする中国のエネルギー構造を改変して，水力発電，原子力発電設備の建設を加速し，土地に合わせた適切な開発を行い，太陽エネルギー，風力エネルギー，地熱エネルギー，潮汐エネルギー，バイオマスエネルギーなどのクリーンエネルギーを普及させる」となっている．

たゆまぬ省エネと排出削減という方針の堅持

　エネルギーの節約は，中国の資源上の制約を緩和する現実的選択である。中国は政府主導のもと，市場を基礎，企業を主体として，全社会の共同参与のもとで全面的省エネを推進する姿勢を堅持し，「十一五(第11次5カ年計画)」期間の省エネ20%という目標を明確にしている。主要な措置は，①構造調整の推進，②工業分野での省エネの強化，③省エネプロジェクトの実施，④省エネ管理の強化，⑤社会省エネの提唱である。これらの措置による省エネ効果は顕著である。1980〜2006年の期間，中国のエネルギー消費は年5.6%の増加で国民経済年平均9.8%の成長を支えてきた。2005年度の不変価格に基づけば，GDP1万元当たりのエネルギー消費は1980年の3.39トン標準石炭当量から2006年度には1.21トン標準石炭にまで下降し，年平均省エネ率は3.9%に達し，近年の単位GDPエネルギー消費量上昇の趨勢を逆転させている。エネルギーの加工，転換，貯蔵，輸送，端末利用の総合効率は33%で，1980年比で8ポイント向上している。単位製品エネルギー消費(エネルギー原単位)は顕著に下降し，鋼鉄，セメント，大型合成アンモニアなどの製品の総合エネルギー消費および電力供給石炭消費と国際的先進レベルとの格差も絶えず縮小している。

　2007年は省エネと排出削減政策が組み合わされて打ち出された鍵となる年であり，中国は一連の注目すべき措置を講じている。すべての石炭燃焼小型発電所解体全国統一行動と石炭層ガス有効開発の積極的推進に加え，上半期には553項目の高汚染，高エネルギー消費，高資源消費性製品の輸出奨励税還付を廃止し，下半期には天然ガスおよび石炭産業に関する政策を相次いで打ち出して，エネルギー産業構造最適化のためのグレードアップを実行し，合わせてエネルギー使用構造の最適化を推進している。また，12月1日からは新たに修正された「外国企業投資産業指導目録」が実施され，高汚染，高エネルギー消費，高資源消費性外資プロジェクトへの参入を明確に禁止もしくは制限すると同時に，外資の循環経済，再生可能エネルギーなどの産業への参入をさらに一歩進んで奨励している。中央財政は2007年に前代未聞の235億元を省エネ，排出削減に投入し，いかにこの点に力を入れているかを示した。また，建築物の強制省エネ，家電省エネ標準の制定なども実施段

階に入っている。

地球規模の気候変動を重視

中国は，気候変動への対応に直接責任をもつ，世界の一員である。グローバルな挑戦に直面している状況下で，各国は環境保護面で相互に助け合い，協力を推進して，ともに人類がこれに頼って生存している住まいとしての地球を守らなければならない。

「気候変動に関する国家評価報告」

中国初の「気候変動に関する国家評価報告」は科学技術部，中国気象局，中国科学院など12部門，88名の専門家によって編纂され，2006年12月に発表された。内容は，①中国気候変動の科学的基礎，②気候変動の影響と適切な対応策，③気候変動の社会経済評価の3部分に分かれている。この報告書は，「積極的に再生可能エネルギー技術および先進原子力エネルギー技術，ならびに高効率，クリーン，低炭素排出の石炭利用技術を発展させ，エネルギー構造を最適化し，エネルギー消費による二酸化炭素排出を減少させる」こと，また「生態環境保護と同時に炭素吸収能力を増大させ，低炭素経済発展の道を歩む」ことを明確に提起している。

「気候変動に対応するための国家方案」

これは中国初の，地球温暖化に適切に対応するための国家プランで，2007年6月に発表された。方案には，気候変動の影響および中国が将来採用すべき下記のような政策手段の枠組が記述されている。経済成長方式の転換，経済構造とエネルギー構造の調整，人口増加の抑制，新エネルギーと再生可能エネルギーおよび省エネ新技術の開発，炭素吸収能技術とその他の適応技術などの推進。

「気候変動に対応する科学技術特別行動」

科学技術部，および他の政府13部門(日本の省庁に相当)は，2007年6月に共同で「気候変動に対応する科学技術特別行動」を発表し，上述の国家方案

の意味を明確にした。その重要な任務は下記の通りである。①気候変動に関する科学的問題，②温室ガス排出抑制と気候温暖化緩和技術の開発，③気候変動に適応する技術および措置，④気候変動に対応する重大戦略および政策。

再生可能エネルギーの発展に力を入れる

2007年8月，国家発展改革委員会は「再生可能エネルギー中長期発展計画」を発表した。その内容は下記の通りである。再生可能エネルギーのエネルギー消費総量に占める比率を現在の7%から大幅に増加させ，2010年には10%，2020年には15%とする。水力，風力エネルギーを再生可能エネルギーとして優先的に開発する。この目標を達成するために，2020年までに2兆元の投資が必要である。国は補助金支給，税の減免などを含む各種課税，財政奨励措置，さらに再生可能エネルギー発電における電力料金の高価格設定の許可を包む，市場先導型の優遇政策を打ち出す。

原子力発電の積極的推進と代替エネルギーの科学的発展

2007年10月，国家発展改革委員会は中国「原子力発電中長期計画」を発表した。現在，原子力発電は中国の電力装備容量の1.6%を占めているが，2020年の計画目標は4%である。同時に，将来の新エネルギーの研究開発(R&D)についても，そのテンポを加速している。例えば，同済大学が研究，開発，製造した第4代燃料電池自動車は2007年に登場している。水素燃料電池自転車も，上海で発売されている。この自転車の販売価格は2万元であ

表4 中国の再生可能エネルギー中長期発展計画(国家発展改革委員会，2007をもとに作成)。単位：最大出力 1000 W

	全世界の現状	中国の資源潜在力	2005年の現状	2010年の目標	2020年の目標
水力	0.85 G	0.54 G	0.12 G	0.19 G	0.3 G
バイオマス	50 M	1 Gtoc	2 M	5.5 M	30 M
風力	60 M	1 G	1.26 M	5 M	30 M
太陽エネルギー	64 M	6 M	0.007 M	0.03 M	1.8 M
地熱エネルギー	9 M	3.3 Gtoc		4 Mtoc	12 Mtoc
二酸化炭素排出削減				0.6 Gt	1.2 Gt

るが，大量生産されれば4000元にまで値下げが可能になり，現在使用されている鉛蓄電池電動自転車との競争力をもつ。

中国のエネルギー戦略

2007年末のエネルギー白書では，中国のエネルギー戦略を以下のように概括している。

省エネ優先を堅持し，国内での実施に立脚しつつ，多元的に発展させ，科学技術をその拠りどころとして，環境を保護し，国際的な互恵協力を強化し，経済的で安定した安全なクリーンエネルギー供給システムの構築により，エネルギーの持続可能な発展による経済社会の持続的発展をサポートする。

5. 総合的政策決定と協調行動の必要性

低炭素経済およびその関連問題を検討する場合，できる限り「単一の問題だけを解決」する政策案決定の考え方を回避し，異なる問題間の関連性を模索して，下記のように「互恵」の計画を求める努力を行う必要がある。

①経済，社会，環境など諸方面の切迫した需要を満足させるためのさまざまな代替政策方案をいかに考慮するか。
②各問題間の関連性をいかに認識するか。
③各国（特に先進国家）に過度のコスト増加をもたらすことなく，全世界のすべての国に多重効果および利益をもたらすとともに，最大の機会を提供する関連政策をいかに選択するか。

これらの政策の策定には，現在広く流布している単一の問題のみの処理型の観点を捨て去る必要があり，統一計画手配の手法を通じて，各システム間の関連性，全体性を鑑みて総合的に方案を決定し，協調して行動することにより，相互補完効果を求めなければならない。

[引用・参考文献]
中国国家発展改革委員会．2007．再生可能エネルギー中長期発展計画，pp. 9-23. http://www.ccchina.gov.cn/cn/NewsInfo.asp?NewsId=10153
中国国家発展改革委員会. 2007. エネルギー発展に関する「十一五」計画, pp. 5-14. http://

www.ccchina.gov.cn/WebSite/CCChina/UpFile/File186.pdf
中国国家発展改革委員会. 2007. 中国の気候変動に対応する国家方案. 413 pp. http://www.ccchina.gov.cn/WebSite/CCChina/UpFile/File189.pdf
中国国家発展改革委員会. 2007. 原子力発電中長期発展計画（2005～2020）．http://www.ccchina.gov.cn/WebSite/CCChina/UpFile/2007/2007112145723883.pdf
中国国務院新聞弁公室. 2007. 中国のエネルギー状況と政策 2007/12/26. www.gov.cn
中国気候変化国家評価報告編集委員会. 2007. 気候変動に関する国家評価報告. 413 pp. 科学出版社.
中国科学技術部など 14 部門. 2007. 中国の気候変動に対応する科学技術特別行動, pp. 6-14. http://www.ccchina.gov.cn/WebSite/CCChina/UpFile/File198.pdf
中国 21 世紀議程管理センター. 1994. 中国アジェンダ 21—中国 21 世紀の人口. 環境と発展白書, pp. 98-106. 中国環境科学出版社.
陳勇（編集主幹）. 2007. 中国のエネルギーと持続可能な発展. 中国の持続可能な発展総綱 第 3 巻, pp. 1-28, 459-543. 科学出版社.
崔民選（編集主幹）. 2006. 2006 中国エネルギー発展報告, pp. 3-4. 社会科学文献出版社.
胡鞍鋼. 2007. 中国はいかにして地球温暖化に挑戦するか. 清華大学国情研究センター国情報告 2007 年第 29 期, pp. 1-24. 中国科学院.
OECD/IEA. 2007. World energy outlook 2007: China and India insights. International Energy Agency: 243-421.
潘家華. 2004. 低炭素発展の社会経済と技術分析. 持続可能な発展の理念, 制度と政策（滕藤・鄭玉歆編集主幹）, pp. 223-262. 社会科学文献出版社.
曲格平ほか. 2007. エネルギー環境の持続可能な発展に関する研究, 2003. 曲格平文集 第 11 巻, pp. 17-163. 中国環境科学出版社.
上海市環境科学研究院. 2004. 上海の低炭素発展と排出状況, 2004 年 5 月. http://www.nautilus.org/archives/energy/AES2004Workshop/SAES.pdf
Tester, J.W., Drake, E.M., Driscoll, M.J., Golay, M.W. and Peters, W.A. 2005. Sustainable energy: choosing among options. 870 pp. MIT Press.
国連開発計画（UNDP）. 2007. 気候変動への対応：気候変動との戦い—分断された世界で試される人類の団結. 人間開発報告 2007/2008, pp. 38-43. http://hdr.undp.org/en/media/hdr_20072008_ch_chapter1.pdf
張坤民. 2004. 中国環境と発展十大対策. 中国の持続可能な発展に関する政策と行動, pp. 845-848. 付録 A2. 中国環境科学出版社.
庄貴陽. 2007. 中国経済の低炭素発展が直面しているチャンスとチャレンジ. 中国環境と発展評論 第 3 巻（中国社会科学院環境と発展研究センター編）, pp. 335-345. 社会科学文献出版社.

おわりに

　読者は本書を読み終わってどのような感想をおもちだろうか。低炭素社会に向けた取り組みの重要性はわかったが，では何をすればいいのかと考えていらっしゃるかもしれない。まず本書の構成にそってたどってみよう。人為起源温室効果気体によって地球が温暖化する仕組みは，大気中の二酸化炭素が地表面から放射される熱を吸収し，その温度上昇に相当する熱が地表に向かって再び放射されることが基本である。海洋は大きな熱容量をもっているので温まりにくいが，これまで高緯度域で冷やされて重くなった海水が全地球をめぐっている深層循環は弱まるため，海面近くに熱が溜まりやすくなる。また人為起源排出量の30倍以上にもなる二酸化炭素が，大気と陸域森林を中心とする陸面，および海洋とやりとりされているので，生態系の機能が弱まると大気への大きな放出となる。このような自然の仕組みを理解し，自然生態系がダメージを受けると人間社会への影響が出るだけでなく，二酸化炭素を吸収してきた力が衰えることを知った。

　炭素は海の植物プランクトンから，森林，動物，さらに人間も含めた生物自身の体をつくっている。人間が生きていくために必須である食糧は炭素のかたまりといっても過言ではない。また鉄や建材などの重工業生産は多くの燃料を必要とし，必ず二酸化炭素を排出する。火力発電に頼っている電気がなくなった生活も想像できない。このように二酸化炭素はすべての産業活動に深く関わっているので，人間が使いやすくした産業構造を変えることは非常に難しいと感じていらっしゃるだろう。二酸化炭素をあまり出さないでエネルギーをつくりだす高度な技術，およびいったん排出した二酸化炭素を地中に埋めるなどの除去法を開発し，安価に利用できると良いのだが，それだけに期待するのではなく，二酸化炭素の排出を大幅に減らさなければいけない。人間がこれからも地球に受け入れられたいなら，考え方を根本的に変え

るときがきているとさえ思えるだろう。

　二酸化炭素の放出が経済的に不利になる制度を導入することによって，二酸化炭素排出を減らす技術開発の進展を助け，生活スタイルを変える動きを助けることは可能である。京都議定書を代表とする世界の取り組みは，途上国の発展に配慮しながら，先進国のより大きな責任を明示している。努力目標にとどまらない二酸化炭素排出削減への道筋を求める読者には，現在でも可能な技術をいかに駆使して低炭素社会をつくっていくかを本書で具体的に示している。

　よく聞く意見として，地球温暖化だけでなく水資源，食糧などいろいろな問題があり，貧困な途上国は地球温暖化などにかまっていられないといわれる。本書でも示したように，これらの問題は相互に関係しており，ひとつの問題の深刻化が他の問題にも悪い影響を与える。地球温暖化などの環境劣化によって一番被害を受けるのは途上国の貧困層である。本当に求められているのは，すべてを見渡して判断する力だ。

　最近再び地球温暖化への懐疑をあらわす書物が多く見られる。主張の多くは，地球温暖化のようにみえるが自然変動である，地球温暖化したから二酸化炭素が増えた，将来予測はモデルを操作すればどんな結果でも得られるから信用できない，二酸化炭素排出の削減に努力しても大した効果はない，あるいは排出削減にかかるコストが膨大で世界中の産業活動が滞ってしまうというものだ。本書はこれらに対応する構成にはしていないが，各章を理解していただければ，ほとんどの懐疑論に応えられると考えている。

　現代に生きる人間には，同時代だけでなく次世代の人々への責任も負うことが課せられている。一例として，温暖化が進行するにともない北極海の氷が融けると予想し，沿岸諸国が競って海底油田の開発に乗り出すような事態となれば，21世紀の人類が後世の人々に非難を浴びることになろう。これを避けることができるのは我々しかいないのである。

2008年10月24日　　　　　　　　　　　　　　　　　　池田　元美

索　引

【ア行】

アイス・アルベドフィードバック　29
朝海和夫　132
アポロ計画　177
アルカリ型燃料電池　177
アルコール直接混合　160
アンソニー・ギデンズ　137
安定化目標　12
移動　122
イノベーション　116
違法伐採　46,47
岩垂寿喜男　129
ウィンド水素　183
宇宙開発　177
運輸貨物部門　114
運輸旅客部門　114
栄養失調　5
液化石油ガス　177
液体水素設備　190
液体水素法　186
エストラーダ　130
エゾマツ　37
エゾヤマナラシ　37
エネルギー　107
エネルギー起源　176
エネルギー技術進歩　116
エネルギー供給源　115
エネルギー強度　209
エネルギー効率　149,211
エネルギーサービス需要　110
エネルギー需要量　114
エネルギー消費　176
エネルギー・ハイウェー　176
エネルギー賦存量　211
エネルギー変換効率　177

エル・ニーニョ現象　6,7,9
エンドユース　110
横断的な対策　120
オオシラビソ　38
オフィス　122
オフサイト　185
オホーツク海　35
オホーツク海氷　36
温室効果　20
温室効果ガス　1,6,11,68,154,163
温室効果ガス排出削減量　109
温暖化　67
温暖化ガス排出量　108

【カ行】

懐疑論　220
開発途上国の卒業要件　101
開発途上国の能力養成　102
海洋　7〜9
海洋循環　11
海洋生態系　11
化学発電機　176
化学肥料　165
格差社会　154
攪乱　56
可降水量　16
可採埋蔵量　175
ガス供給　186
化石資源　180
化石燃料　7〜9
ガソリンスタンド　184
家畜糞尿　181
活動量変化　120
家庭　122
家庭部門　114

家庭用燃料電池　177
稼働率　183
株式会社自然エネルギー市民ファンド　202
株式会社市民風力発電　202
カーボン・ニュートラル　58, 157, 180
カーボンナノチューブ　184
カムチャツカ　35
茅恒等式　209
カラマツ　37, 43, 45
火力発電　219
カルビン回路　42
カレイタ氷河　36, 46
環境(からの)ストレス　37, 42
環境経済学　67
環境税　72, 76
環境破壊　150
環境負荷　176
環境便益　65
環境問題　46, 47, 49
感染症　5
乾燥断熱減率　17
干ばつ　4, 5
緩和　103
緩和対策　57
飢餓　152
気候変動　4
気候変動に関する国際連合枠組条約　107
気候変動に関する国家評価報告　215
気候変動に関する政府間パネル　1
気候変動に対応するための国家方案　215
気候変動枠組条約　89
気候モデル　21
気候予測シミュレーション　i, 3
技術開発　11
技術革新　76, 115
技術戦略マップ　114
技術的対策　118
季節海氷域　36

北大西洋深層水　32
議定書　88
ギャップ　38
ギャップ更新　38, 47
吸収源　51, 55
吸収源対策　64
吸収量　55
吸着技術法　164
共通だが差異のある責任　71, 92
共通農業政策　160
共同実施　98
京都議定書　71, 89, 143, 144, 146, 160, 220
京都メカニズム　71, 98
業務部門　114
漁獲量　152
キーリング・プロット　10
グイマツ　37, 38, 47
空気中二酸化炭素の施肥効果　45
国別数値目標　89
組み込まれたエネルギー　211
クリーンエネルギー　183
クリーン開発と気候に関するアジア・太平洋パートナーシップ　90
クリーン開発メカニズム　98
グリーン水素　180, 181
グリーン電気料金制度　196
グリーン電力証書システム　203
グリーンピース　138
グローブ卿　177
経済効果　179, 188
経済・社会活動　110
携帯電話　179
下痢　5
限界削減費用　71, 72
嫌気性細菌　182
健康　4, 5
健康被害　151
原子力発電　216
高圧水素法　186
高圧タンク　190

豪雨　4
公共交通機関　123
光合成　10, 42
耕作放棄地　168
耕種農家　165
洪水　4, 5
公正　69
高断熱住宅　116
行動・技術選択　125
光熱費　177
高分子イオン交換膜燃料電池　177
衡平　91
呼吸器疾患　5
国際慣習法　87
酷暑日　2
コークス工場　182
穀物生産性　4
穀物ナショナリズム　171
国連開発計画　208
コージェネレーションシステム　158
米栽培意欲　173
コンドリーザ・ライス　136
コンベヤベルト　32

【サ行】
再生可能(な)エネルギー　74, 78, 109, 176, 180, 216
再生可能作物　161
削減可能量　120
削減効果　120
サッポロさとらんど　188
砂漠・アルベドフィードバック　33
サービスレベル　112, 116
サプライチェーン　123, 124
産業　122
産業革命　6, 154
産業構造　112
産業部門　114
産業ロボット　179
酸素　8〜10
ジェミニ計画　177

ジェームス・ハンセン　128
シクロヘキサン　184
資源回収　124
自己間引き　43
市場導入シナリオ　179
自然エネルギー　144, 182
自然科学　11
自然被害　175
自然変動　6, 52
自然間引き　43
自然要因　56
持続可能な森林管理　62
持続可能な低炭素社会　191
持続可能な発展　67
湿潤断熱減率　17
実証実験　188
実績算入　168
自動車・民生部門　180
シナリオ　26
シナリオA　110
シナリオB　110
市民出資型の風力発電　196
市民風車　196
社会改革　125
社会システム改革　115
社会制度改革　118
社会的負担　5
重大損害禁止規則　83
集中型発電　186
重量水素含有率　184
需要側技術　114
純1次生産　55
循環型社会　154
純生態系生産　45
純生態系生産量　56
省エネルギー効果　179
消化液　158
少子高齢化　112
消費燃料コスト　189
条約　87
将来予測　6

食品廃棄物　182
植物の呼吸　45
植物の総光合成　45
食糧　4,5
食糧安保　173
食糧自給率　167
食糧生産　147
植林　58
植林活動　61
シラカバ　37
シラビソ　38
ジル・イエーガー　134
人為起源温室効果気体　219
人為起源変動　6
新エネルギー法　161
人口　112
新興国　145
深層循環　32,219
森林火災　46,47,56
森林管理　58,64
森林経営　64
森林減少　52,54
森林減少の防止　63
森林更新　38
森林生態系　58
森林土壌　59
森林の更新　36
森林の動態　37
森林破壊　154
人類共通の関心事　85
水資源　150,154
水資源確保　147
水蒸気改質(技術)　180,182
推進施策　118
水素　176
水素圧縮ボンベ　184
水素インフラ施設　190
水素エネルギー(技術)　175,182,190
水素エネルギー社会　175
水素エネルギー利用技術　189
水素エンジン自動車　176

水素価格　190
水素-ガソリン混焼技術　190
水素供給基地　187
水素経済　146
水素資源　181
水素社会　188
水素社会形成モデル調査事業　188
水素社会構想　188
水素ステーション　184,185,188,189
水素製造　180
水素製造プラント　182
水素貯蔵　184
水素貯蔵合金　184
水素貯蔵・輸送ネットワーク　190
水素ネットワーク　186,188
水素燃料電池自動車　124
水素・燃料電池社会　190
水素ハイウェー　186
水素発酵　182
水稲栽培　172
水力発電　176
スターン報告書　206
ストック　53
ストームトラック　19
スペースシャトル計画　177
政策統合　76
生産調整面積　168
精製圧縮装置　164
成層圏　17
生態系　5,151
製鉄工場　185
生物多様性　4,62,147,154
世界平和　149
石油インフラ　185
石油価格　175
石油社会　190
石油精製所　185
施肥効果　8
総合エネルギー効率　188
送電線　176
宗谷岬ウィンドファーム　183

索　引　225

ソフトセルロース　173
ソーラーハウス　183

【タ行】
第2回世界気候会議　129
第3の道　137
大気　6〜9
大気 - 海洋間　7〜9
大気 - 海洋 - 陸上植物間　8
大気 - 陸面間　6〜9
対抗措置　94
対策効果　62
体積水素含有率　184
太陽(光)エネルギー　123,124,183
太陽光発電　76,176
太陽定数　19
太陽電池パネル　183
対流圏　17
多面的機能　173
暖温帯林　38
炭化水素燃料　188
炭酸同化作用　6
炭素隔離　146
炭素吸収量　51
炭素強度　209
炭素クレジット　62,63
炭素資源　175
炭素社会　176
炭素収支　6,54,55
炭素循環　6,51
炭素ストック　56
炭素税　118
炭素同位体　8
炭素フラックス　7
炭素リザーバー　7
地域エネルギー　181
地域コミュニティ　188
地域特性　188
地球温暖化　1,157,175
地球温暖化効果　176
地球温暖化物質　175

地球温暖化要因　189
地球環境問題　69
地球の友　138
畜産廃棄物　182
地中・海中隔離　147
中長期的　57
中道左派　137
超高齢化社会　122
チョウセンヤマナラシ　37
貯蔵・運搬材料　184
ディーゼルエンジン自動車　181
低炭素社会　67,107,125,143,175,
　　176,181,187,188
低炭素社会シナリオ　109
締約国会議　88
デカリン　184
適応　103
適応策　58
鉄鋼業界　140
電気の運び手　176
転作水田　168
電力価格　183
電力業界　140
トウヒ　38
匿名組合　201
都市ガス　177
都市機能の集約　116
土壌呼吸　45
途上国条項　130
土壌分解　10
土地利用　7,8
トリプティーク・アプローチ　138
トレイル溶鉱所事件　82
トロント会議　127

【ナ行】
内分泌攪乱物質　154
ナースロボット　179
夏日　2
二酸化炭素　1,6,175
二酸化炭素濃度　52

二酸化炭素排出削減効果　188
二酸化炭素排出削減策　176
二酸化炭素排出削減率　179
二酸化炭素排出量　12,61,177,181,
　189
日本石油連盟　140
人間社会　5
熱帯林　35,38
熱波　5
燃焼エネルギー　189
燃料電池　176
燃料電池システム　177
燃料電池自動車　176
燃料電池発電　182
濃厚飼料　165

【ハ行】
バイオエタノール　157
バイオエネルギー　123
バイオガス　157,182
バイオガス起源　182
バイオガスプラント　158
バイオ燃料　63,124,167
バイオマス　78,176,180
バイオマスエネルギー　157
バイオメタン　164
排出　52
排出権取引　98,160
排出削減必要量　108
排出削減費用　108
排出量　143
排出量取引　72,76,118
排出量取引制度　76
売電価格　163
発酵メタン　188
ハドレー循環　18
「はまかぜちゃん」　196
パルス噴霧式触媒反応器　184
光傷害　38,42
非対称性　68
ピナツボ火山　9

病害虫　5
平等　69
ヒラリー・クリントン　137
貧困層　151
風力　124
風力発電　176
風力発電プラント　183
不可逆的変化　11
不確実性　57
普及シナリオ　180
副次的便益　64
副生水素　185
福田ビジョン　76,77
不作付地　168
不遵守手続　96
部門別課題　72
冬日　2
フロー　53
ブロンク　131
分解　61
分離　64
ベルリンマンデート　129
貿易風　18
方策　125
放射強制力　12,23
放射対流平衡　21
放射平衡温度　19
法的拘束力　129
飽和　64
飽和水蒸気量　17
ポスト京都議定書　77
「ポスト京都」問題　81
ポータブル家電　179
北海道洞爺湖サミット　67
北海道プロジェクト　184,186,188
北海道酪農　165
北方林　35
北方林の更新様式　36
ポプラ　37

索　引　227

【マ行】
毎木調査　37
真夏日　4
マラリア　151
マルチステージアプローチ　102
水循環　15
水‐水素循環　176
水電解法　183
水利用可能性　4
無水エタノール　167
メタンハイドレート　187
木質系　173
目標　125
モデル試算　177

【ヤ行】
夜間発電　183
約束期間　144
有機炭素　153
有機ハイドライド　184
有機ハイドライド技術　184
有機ハイドライド法　186
有限責任中間法人自然エネルギー市民基金　202
輸出制限　171
輸送インフラ　186
葉面積指数　43
葉量 LAI　45
ヨハネスブルクサミット　135

【ラ行】
ライフサイクル　123,124
陸域生態　53
陸域炭素動態　51
陸上植生　7,8,10
陸面　6,7,9
硫酸エアロゾル　25
流氷　36
林冠　38
林冠更新　38,42,46,47
ロックイン効果　212

【ワ行】
枠組条約　88
枠組条約＝議定書方式　88

【数字】
1次エネルギー供給　115
1人当たり二酸化炭素排出量　209
2次エネルギー形態　114
2次エネルギー需要　115
2050年半減　73
50％削減　108
70％削減　109

【A】
Abies mariesii　38
Abies veitchii　38
adaptation　103

【B】
Betula platyphylla　37
BRICs　171

【C】
CAP　160
CDM 植林　61
COP6 再開会合　131

【E】
E5　171
equity　91
ETBE　160

【G】
G8 洞爺湖サミット　76

【I】
IPCC　1,6,11,45,53,107,134,157

【L】
LAI　43
Larix gmelinii　37

LPG 177

【M】
mitigation 103

【N】
NOx 排出量 190

【O】
ODA 139

【P】
PEMFC 177

Picea jezoensis 37
Picea jezoensis var. *hondoensis* 38
Populus tremula 37

【R】
RPS 法 160

【V】
VPSA 164

【W】
WWF 138

執筆者一覧(五十音順)

池田元美(いけだ もとよし)
　北海道大学大学院環境科学院教授
　工学博士(東京大学)
　第1章, 第2章, 第9章, おわりに
　執筆

市川　勝(いちかわ まさる)
　東京農業大学総合研究所客員教授・
　北海道大学名誉教授
　理学博士(東京大学)
　第11章執筆

甲斐沼美紀子(かいぬま みきこ)
　国立環境研究所温暖化対策評価研究室
　室長
　工学博士(京都大学)
　第7章執筆

佐伯　浩(さえき ひろし)
　北海道大学総長
　工学博士(北海道大学)
　序文執筆

鈴木　亨(すずき とおる)
　NPO法人北海道グリーンファンド
　事務局長
　第12章執筆

竹内敬二(たけうち けいじ)
　朝日新聞社編集委員
　工学修士(京都大学)
　第8章執筆

張　坤民(チャン クンミン)
　清華大学教授・中国人民大学教授
　第13章執筆

原　登志彦(はら としひこ)
　北海道大学低温科学研究所教授
　理学博士(京都大学)
　第3章執筆

藤井賢彦(ふじい まさひこ)
　北海道大学大学院環境科学院特任
　准教授
　地球環境科学博士(北海道大学)
　第1章執筆

堀口健夫(ほりぐち たけお)
　北海道大学公共政策大学院准教授
　東京大学大学院博士課程単位取得
　第6章執筆

松田從三(まつだ じゅうぞう)
　ホクレン農業総合研究所顧問・北海道
　大学名誉教授
　農学博士(北海道大学)
　第10章執筆

山形与志樹(やまがた よしき)
　国立環境研究所地球環境研究センター
　主席研究員
　学術博士(東京大学)
　第4章執筆

山崎孝治(やまざき こうじ)
　北海道大学大学院環境科学院教授
　理学博士(東京大学)
　第2章執筆

山中康裕(やまなか やすひろ)
　北海道大学大学院環境科学院准教授
　理学博士(東京大学)
　第1章執筆

吉田文和(よしだ ふみかず)
　北海道大学公共政策大学院教授
　経済学博士(京都大学)
　はじめに，第5章執筆，第13章監訳

編者紹介（五十音順）

池田元美（いけだ　もとよし）
　　1946年生まれ
　　東京大学大学院工学系研究科博士課程修了
　　北海道大学大学院環境科学院教授　工学博士（東京大学）
　　著書して『地球温暖化の科学』（北海道大学出版会，2007，共著）
　　Oceanographic Applications of Remote Sensing (Eds. Ikeda, M. and F. Dobson, 1995, CRC Press) など

吉田文和（よしだ　ふみかず）
　　1950年生まれ
　　京都大学大学院経済学研究科博士課程修了
　　北海道大学公共政策大学院教授　経済学博士（京都大学）
　　著書として『循環型社会』（中公新書，2004），『IT 汚染』（岩波新書，2001），『北海道　からみる地球温暖化』（岩波ブックレット，岩波ブックレット，2008，共著）など

持続可能な低炭素社会
2009年3月25日　第1刷発行

　　　　　編 著 者　吉田文和・池田元美
　　　　　発 行 者　吉田克己

発行所　北海道大学出版会
札幌市北区北9条西8丁目 北海道大学構内（〒060-0809）
Tel. 011(747)2308・Fax. 011(736)8605・http://www.hup.gr.jp/

㈱アイワード　　　　　　　　　© 2009　吉田文和・池田元美

ISBN978-4-8329-6708-3

地球温暖化の科学	北海道大学大学院環境科学院 編	A5・262頁 価格3000円
オゾン層破壊の科学	北海道大学大学院環境科学院 編	A5・420頁 価格3800円
環境修復の科学と技術	北海道大学大学院環境科学院 編	A5・270頁 価格3000円
農業環境の経済評価 ―多面的機能・環境勘定・エコロジー―	出村克彦 山本康貴 編著 吉田謙太郎	A5・486頁 価格9500円
雪と氷の科学者・中谷宇吉郎	東 晃 著	四六・272頁 価格2800円
エネルギーと環境	北海道大学放送教育委員会 編	A5・168頁 価格1800円
エネルギー・3つの鍵 ―経済・技術・環境と2030年への展望―	荒川 泓 著	四六・472頁 価格3800円
4℃の謎 ―水の本質を探る―	荒川 泓 著	四六・256頁 価格2400円
総合エネルギー論入門 ―ヒトはどこまで生き永らえるか―	大野陽朗 著	四六・146頁 価格1300円
新版 氷の科学	前野紀一 著	四六・260頁 価格1800円
極地の科学 ―地球環境センサーからの警告―	福田正己 香内 晃 編著 高橋修平	四六・200頁 価格1800円
フィーニー先生南極へ行く ―Professor on the Ice―	R.フィーニー 著 片桐千仭 片桐洋子 訳	四六・230頁 価格1500円
雪の結晶 ―冬のエフェメラル―	小林禎作 著	B5・40頁 価格1500円
雪氷調査法	日本雪氷学会 北海道支部 編	B5・258頁 価格4500円
生物多様性保全と環境政策 ―先進国の政策と事例に学ぶ―	畠山武道 柿澤宏昭 編著	A5・438頁 価格5000円
自然保護法講義[第2版]	畠山武道 著	A5・352頁 価格2800円
環境の価値と評価手法 ―CVMによる経済評価―	栗山浩一 著	A5・288頁 価格4700円
環境科学教授法の研究	高村泰雄 丸山 博 著	A5・688頁 価格9500円

〈価格は消費税を含まず〉

北海道大学出版会